化工原理实验及单元仿真

田维亮　主编

张红喜　孙宝昌　葛振红　副主编

白红进　主审

化学工业出版社

·北京·

本书是化工原理及其相关课程的配套教材，注重培养学生综合素质，通过实验操作使学生掌握化工生产的基本操作技能。其内容包括绪论、化工原理实验的研究方法、实验数据的误差分析、实验数据处理、化工原理基本实验、化工原理综合实验、化工原理创新研究实验、化工单元仿真系统软件简介、化工单元仿真实验等。

本书可作为高等院校本科、专科化工及其相关专业的化工原理实验教材，也可供化学工程、环境工程、食品工程和生物化工等专业的工程技术人员参考。

图书在版编目（CIP）数据

化工原理实验及单元仿真/田维亮主编． —北京：化学工业
出版社，2014.6（2023.7重印）
ISBN 978-7-122-20320-5

Ⅰ．①化… Ⅱ．①田… Ⅲ．①化工原理-实验-高等学校-教材②化工单元操作-高等学校-教材 Ⅳ．①TQ02

中国版本图书馆 CIP 数据核字（2014）第 070420 号

责任编辑：杜进祥 　　　　　　　　　　文字编辑：刘砚哲
责任校对：吴　静 　　　　　　　　　　装帧设计：孙远博

出版发行：化学工业出版社（北京市东城区青年湖南街 13 号　邮政编码 100011）
印　　装：北京科印技术咨询服务有限公司数码印刷分部
787mm×1092mm　1/16　印张 10　字数 247 千字　　2023 年 7 月北京第 1 版第 8 次印刷

购书咨询：010-64518888 　　　　　　　售后服务：010-64518899
网　　址：http://www.cip.com.cn
凡购买本书，如有缺损质量问题，本社销售中心负责调换。

定　　价：32.00 元 　　　　　　　　　　　　　　版权所有　违者必究

本书编写组

主　审：白红进

主　编：田维亮

副主编：张红喜　孙宝昌　葛振红

编　委：白红进　田维亮　张红喜

　　　　孙宝昌　葛振红　张越锋

　　　　吕喜风　张　蕾　陈明鸽

FOREWORD 前言

当今，大学实验教学改革中，普遍开设综合型、设计型、研究（创新）型实验，这是对学生进行创新教育的重要思路和做法。化工原理实验是一门专业技术基础实验课，在培养化工类及相关专业的高级人才中起举足轻重的作用，是整个化工原理课程教学中一个重要的实践环节。通过实验教学使学生更深入地理解、掌握化工单元过程的规律性和基础理论，较为直观地树立起工程思想和观念，以期达到强化工程意识、培养科学实验能力的目的。

近年来，现代化化工厂逐渐实现自动化和半自动化的生产控制，大量的工作人员从繁杂的操作中解脱出来，这对现代化的员工也提出了更高的要求。目前，大型化工厂基本实现DCS系统中央集中控制，员工除了掌握基本的化工单元操作知识外，还需要熟悉计算机DCS系统控制的相关知识。因此，现代的化工单元操作实验教学也需要跟随社会发展的要求，进行教学改革。本教材以化工单元操作仿真教学为切入点，推进化工实验教学改革。

本书由塔里木大学白红进教授担任主审，田维亮老师担任主编（绪论、第一章、第二章、附录1、2），张红喜老师（第四章实验二至实验五）、北京化工大学孙宝昌老师（第三章、实验一）和葛振红老师（实验十五至实验二十）担任副主编，参加编写的还有张越锋老师（实验十至实验十三），吕喜风老师（实验十四和第七章仿真实验软件简介），张蕾（实验六至实验九），陈明鸽老师（实验二十一至实验二十三，附录3～13）。非常感谢北京东方仿真软件技术有限公司覃杨工程师、尉明春工程师、杨杰工程师等提供技术资料。其他兄弟院校的老师也参与了编写讨论，并提出许多宝贵意见。在此，对本书在编写过程中给予热心帮助和支持的老师和同行，在此一并表示感谢。

编者水平和经验有限，疏漏在所难免，恳请读者和同行批评指正，使本书日臻完善。

编者
2014 年 4 月

CONTENTS 目录

绪　　论

化工原理是研究物料在工业规模条件下，发生物理或化学状态变化的工业过程及这类工业过程所用装置的设计和操作的一门技术学科，是运用自然科学的基本原理和工程实验方法来解决工业生产中相关领域的工程实际问题，所以化工原理的学习需要结合化工原理实验来完成。

化工原理实验是化工、制药、环境、食品、生物工程等院系或理工专业实践教学计划中的一门必修课程。与一般化学实验相比，化工原理实验属于工程实验范畴，具有工程特点。每个实验项目都相当于化工生产中的一个单元操作，通过实验能建立起一定的工程概念，同时，随着实验课的进行，会遇到大量的工程实际问题，对理工科专业的学生来说，可以在实验过程中更实际、更有效地学到更多工程实验方面的原理及测试手段，可以发现复杂的真实设备与工艺过程同描述这一过程的数学模型之间的关系，也可以认识到对于一个看起来似乎很复杂的过程，可以只用最基本的原理来解释和描述。因此，在实验课的全过程中，学生在创造性思维能力和动手能力方面都得到培养和提高，强化学生学习、认识、解决实际工程问题的能力，为将来的工作或深造打下坚实的基础。

一、化工原理实验教学目的

化工原理实验教学是化工原理教学的一部分，通过化工原理的实验教学，不但可以巩固和深化理论知识的学习，而且可以培养学生分析解决问题的能力、科学实验能力、科学思维方法等。学生只有通过一定量的实验训练，才能掌握各种实验技能，为将来的工作和科学研究打好坚实的基础。具体教学目的如下：

1. 巩固和深化理论知识

化工原理课程中所讲授的理论、概念或公式，学生对它们的理解往往是肤浅的，对于各种影响因素的认识还不深刻，当学生做了化工原理实验后，对于基本原理的理解、公式中各种参数的来源以及使用范围会有更深入的认识。例如离心泵的性能实验，安排了不同转速下泵的性能测定。第一步让学生固定泵的转速，改变阀门开度，测得一组定转速下的泵的性能曲线，再改变泵的转速，按同样操作步骤，可以得到变转速下一系列泵性能曲线；第二步让学生固定管道中的阀门开度，改变泵的转速，可以得到一根管道性能曲线，再改变管道中的阀门开度，又可以测得改变管道阻力的一系列管道性能曲线。通过实验可测出一系列泵的性能曲线和管道性能曲线，了解泵性能和管道性能的各种影响因素，从而帮助学生理解从书本上较难弄懂的概念。

2. 培养学生理论联系实际的学习方法

实验教学与理论教学相结合，对培养理工科学生的理论联系实际的能力尤为重要。结合化工原理课堂教学，有针对性地开设了一系列验证性、综合性和设计型创新实验，实现课堂教学与实验教学的互动，扩大了学生对课堂教学内容的感性认识，提高了学习兴趣，促进了学生对化工单元操作理论知识的理解和掌握，培养学生理论联系实际的能力和工程素养，提高了学生的综合素质。

3. 培养学生从事科学研究的能力

理工科高等院校的毕业生必须具备一定的实验研究能力。实验能力主要包括：为了完成一定的研究课题，设计实验方案的能力；进行实验，观察和分析实验现象的能力；正确选择和使用测量仪表的能力；利用实验的原始数据进行数据处理以获得实验结果的能力；运用文字表达技术报告的能力。这些能力是进行科学研究的基础，学生只有通过一定数量的基础实验与综合实验练习，经过反复训练才能掌握各种实验能力，通过实验打下一定的基础，将来参加实际工作就可以独立地设计新实验和从事科研与技术开发。

4. 培养科学的思维方法、严谨的科学态度和良好的科学作风，增强工程意识、提高自身素质水平

实验研究是实践性很强的工作，对从事实验者的要求是很高的，化工原理实验课要求学生具有一丝不苟的工作作风和严肃认真的工作态度，从实验操作，现象观察到数据处理等各个环节都不能丝毫马虎。如果粗心大意，敷衍了事，轻则实验数据不好，得不出什么结论，重则会造成设备或人身事故。

总之，实验教学对于学生的培养是不容忽视的，对学生动手和解决实际问题能力的锻炼是书本无法代替的。化工原理实验教学对于化工专业的学生来说仅仅是工程实践教学的开始，在高年级的专业实验和毕业论文阶段还要继续学习提高。

二、化工原理实验的特点

本课程内容强调实践性和工程观念，并将能力和素质培养贯穿于实验课的全过程。围绕化工原理课程中最基本的理论，实验部分开设有设计型、研究型和综合型创新实验，培养学生掌握实验研究方法，训练其独立思考、综合分析问题和解决问题的能力。

本实验课程主要包括：化工原理实验基础知识，化工原理单元操作实验以及化工单元仿真实验三大部分。课程的特点在于将化工原理实验与计算机仿真、模拟及处理结合起来，针对化工原理实验和实验装置，引入了计算机多媒体仿真、数据模拟采集及处理，增加了实验相关素材的演示，并备有相应的多媒体教学软件。实验室在实验期间向学生完全开放，除完成实验教学基本内容外，可以进行现场预习和仿真实验，鼓励和支持对化工原理实验感兴趣的同学探索新的实验，培养学生学习化工原理的兴趣和科研创新精神。

本课程延续了传统实验的报告的模式，在创新设计开发实验的实验报告采用小论文形式撰写，这类型实验报告的撰写是提高学生写作能力、综合应用知识能力和科研能力的一个重要手段，可为毕业论文环节和今后工作所需的科学研究和科学论文的撰写打下坚实的基础。

三、化工原理实验教学内容与方法

1. 化工原理实验教学内容

化工原理实验教学内容主要包括：实验基础知识教学、典型的化工单元操作实验和化工单元仿真实验三大部分。

（1）实验基础知识教学部分：本部分主要讲述化工原理实验教学的目的、要求和方法；化工原理实验的特点；化工原理实验的研究方法；实验数据的误差分析；实验数据的处理方法；实验数据处理；实验操作过程的基本要求等相关知识。

（2）化工单元操作实验部分：典型化工单元操作实验包括三部分：

① 基本实验：流体流型演示实验、离心泵特性曲线测定实验、流体流动阻力实验、恒压过滤常数实验、气-气列管换热实验、干燥特性曲线测定实验。

② 综合实验：筛板塔精馏过程实验、液液萃取塔实验、填料塔吸收传质系数的测定、超滤、纳滤、反渗透组合膜分离实验。

③ 创新实验：膜分离法制备高纯水实验、天然产物的提取、分离与清洁生产。

（3）化工单元仿真实验部分：化工单元仿真实验包括：离心泵操作仿真、单级压缩机操作仿真、液位控制系统操作仿真、列管式换热器操作仿真、精馏塔单元操作仿真、吸收解吸操作仿真、萃取塔操作仿真。

2. 化工原理实验教学方法

由于工程实验是一项技术工作，它本身就是一门重要的技术学科，有自己的特点和系统。为了切实加强实验教学环节，将实验课单独设课。化工原理实验工程性较强，有许多问题需事先考虑、分析，并做好必要的准备，因此必须在实验操作前进行现场预习和仿真实验。化工原理实验室实行开放制度，学生实验可以预约。

实验前，根据实验内容，由老师安排分组；每个实验均安排现场预习（包括仿真实验）；学生进入实验室，要检查相关实验的预习报告及预习情况，预习内容包括实验原理预习、实验流程和装置预习等。

实验结束后，每位学生要有一份指导教师签名的原始数据表，指导教师根据学生回答问题、现场操作情况、原始数据记录情况、实验纪律及作风等方面给学生操作部分成绩。

学生在实验结束一周内提交实验报告，实验报告应附有指导教师签名的原始数据表。指导教师根据实验报告的情况给学生报告分，缺一次实验或报告，最后不允许参加考试。

在课程学习结束时，由代课老师安排实验单元仿真考试，主要包括实验操作流程、注意事项、相关仪器设备的使用等，由北京东方仿真公司提供的软件，根据操作情况直接给出成绩。

期末笔试为闭卷考试，主要考核学生对工程实验研究方法掌握和应用的程度，包括以下几方面的内容：实验方法、实验原理、实验设计、实验操作、数据处理、实验分析、工程实践等几方面的内容。

化工原理实验成绩实行结构成绩制，分为四部分：

① 预习情况、现场提问、实验操作共占 15%，每项各占 5%。

② 实验报告质量占 20%。

③ 单元操作仿真考试成绩占 25%。

④ 期末考试成绩占 40%。

四、化工原理实验要求

化工原理实验主要包括：实验预习，实验操作与单元仿真，测定、记录和数据处理，实验报告等四个主要环节，各个环节的具体要求如下：

1. 预习环节

本实验课理论和工程实际联系很强，实验前需事先对实验进行了解、分析，并做好实验前的必要准备。为使学生达到实验目的中所提出的要求，仅靠实验原理部分是不够的，必须做到以下几点：

（1）理论知识预习：认真阅读实验教材，复习课程教材以及参考书的有关内容，为培养能力，应试图对每个实验提出问题，带着问题到实验室现场预习。

（2）现场预习：到实验室现场熟悉设备装置的结构和流程，明确操作程序与所要测定参数的项目，了解相关仪表的类型和使用方法以及参数的调整、实验测试点的分配等。

（3）预习报告：实验目的、基本原理；实验装置及流程图；实验方案包括实验操作步骤、实验点分布等；做好数据记录表格，找出与实验相关的全部操作参数，画出便于记录的原始数据表格，列出其他需要记录的项目清单。

（4）进行仿真实验和仿真实验测评。

2. 实验操作环节

一般以 2～4 人为一小组合作进行实验，实验前必须做好组织工作，做到既分工、又合作，每个组员要各负其责，并且要在适当的时候进行轮换工作，这样既能保证质量，又能获得全面的训练。实验操作注意事项如下：

实验前注意事项如下：

① 实验开始前，对泵、风机、压缩机、真空泵等设备，启动前先用手扳动联轴节，确认能否正常运转。

② 设备、管道上各个阀门的开、闭状态是否合乎流程要求。

③ 检查汽源、水源、电源等是否正常。

④ 设备、管道上仪表或控制盘是否正常显示。

完成上述检查后，合上电闸，使设备运转，开车实验，实验过程中注意事项如下：

（1）实验设备的启动操作，应按教材说明的程序逐项进行，设备启动前必须检查。

（2）操作过程中设备及仪表有异常情况时，应立即按停车步骤停车并报告指导教师，对问题的处理应了解其全过程，这是分析问题和处理问题的最好机会。

（3）操作过程中应随时观察仪表指示值的变动，确保操作过程在稳定条件下进行。出现不符合规律的现象时应注意观察研究，分析其原因，不要轻易放过。

（4）停车前应先将有关汽源、水源、电源关闭，然后切断电机电源，并将各阀门恢复至实验前所处的位置（开或关）。

3. 测定、记录和数据处理

（1）确定要测定哪些数据　凡是对实验结果有关或是整理数据时必需的参数都应一一测定。原始数据记录表的设计应在实验前完成。原始数据应包括工作介质性质、操作条件、设备几何尺寸及大气条件等。并不是所有数据都要直接测定，凡是可以根据某一参数推导出或根据某一参数由手册查出的数据，就不必直接测定。例如水的黏度、密度等物理性质，一般只要测出水温后即可查出，因此不必直接测定水的黏度、密度，而应该改测水的温度。

（2）实验数据的分割　一般来说，实验时要测的数据尽管有许多个，但常常选择其中一个数据作为自变量来控制，而把其他受其影响或控制的随之而变的数据作为因变量，如离心泵特性曲线就把流量选择作为自变量，而把其他同流量有关的扬程、轴功率、效率等作为因变量。实验结果又往往要把这些所测的数据标绘在各种坐标系上，为了使所测数据在坐标上得到分布均匀的曲线，这里就涉及实验数据均匀分割的问题。化工原理实验最常用的有两种坐标纸；直角坐标和双对数坐标，坐标不同所采用的分割方法也不同。其分割值 x 与实验预定的测定次数 n 以及其最大、最小的控制量 x_{max}、x_{min} 之间的关系如下：

① 对于直角坐标系：

$$x_i = x_{\min} \qquad \Delta x = \frac{x_{\max} - x_{\min}}{n-1} \qquad \Delta x_{i+1} = x_i + \Delta x \tag{0-1}$$

② 对于双对数坐标：

$$x_i = x_{\min} \qquad \lg \Delta x = \frac{\lg x_{\max} - \lg x_{\min}}{n-1} \tag{0-2}$$

所以

$$\Delta x = \left(\frac{x_{\max}}{x_{\min}}\right)^{\frac{1}{n-1}} \qquad x_{i+1} = x_i \cdot \Delta x \tag{0-3}$$

（3）读数与记录

① 待设备各部分运转正常，操作稳定后才能读取数据，如何判断是否已达稳定？一般是经两次测定其读数应相同或十分相近。当变更操作条件后各项参数达到稳定需要一定的时间，因此也要待其稳定后方可读数，否则易造成实验结果无规律甚至反常。

② 同一操作条件下，不同数据最好是数人同时读取，若操作者同时兼读几个数据时，应尽可能动作敏捷。

③ 每次读数都应与其他有关数据及前一点数据对照，看看相互关系是否合理？如不合理应查找原因，是现象反常还是读错了数据？并要在记录上注明。

④ 所记录的数据应是直接读取的原始数值，不要经过运算后记录，例如秒表读数 1 分 23 秒，应记为 $1'23''$，不要记为 $83''$。

⑤ 读取数据必须充分利用仪表的精度，读至仪表最小分度以下一位数，这个数应为估计值。如水银温度计最小分度为 $0.1\,℃$，若水银柱恰指 $22.4\,℃$ 时，应记为 $22.40\,℃$。注意过多取估计值的位数是毫无意义的。

⑥ 碰到有些参数在读数过程中波动较大，首先要设法减小其波动。在波动不能完全消除情况下，可取波动的最高点与最低点两个数据，然后取平均值，在波动不很大时可取一次波动的高低点之间的中间值作为估计值。

⑦ 不要凭主观臆测修改记录数据，也不要随意舍弃数据，对可疑数据，除有明显原因，如读错、误记等情况使数据不正常可以舍弃之外，一般应在数据处理时检查处理。

⑧ 记录完毕要仔细检查一遍，有无漏记或记错之处，特别要注意仪表上的计量单位。实验完毕，须将原始数据记录表格交指导教师检查并签字，认为准确无误后方可结束实验。

（4）数据的整理及处理

① 原始记录只可进行整理，绝不可以随便修改。经判断确实为过失误差造成的不正确数据须注明后可以剔除不计入结果。

② 采用列表法整理数据清晰明了，便于比较，一份正式实验报告一般要有四种表格：原始数据记录表、中间运算表、综合结果表和结果误差分析表。中间运算表之后应附有计算示例，以说明各项之间的关系。

③ 运算中尽可能利用常数归纳法，以避免重复计算，减少计算错误。例如流体阻力实验，计算 Re 和 λ 值，可按以下方法进行。

例如：Re 的计算

$$Re = \frac{du\rho}{\mu} \tag{0-4}$$

其中 d、μ、ρ 在水温不变或变化甚小时可视为常数，合并为 $A = \dfrac{d\rho}{\mu}$，故有

$$Re = Au \tag{0-5}$$

A 的值确定后，改变 u 值可算出 Re 值。

又例如，管内摩擦系数 λ 值的计算，由直管阻力计算公式

$$\Delta p = \lambda \frac{l}{d} \cdot \frac{\rho u^2}{2} \tag{0-6}$$

得

$$\lambda = \frac{d}{l} \cdot \frac{2}{\rho} \cdot \frac{\Delta p}{u^2} = B' \frac{\Delta p}{u^2} \tag{0-7}$$

式中常数　$B' = \dfrac{d}{l} \dfrac{2}{\rho}$

又实验中流体压降 Δp，用 U 形压差计读数 R 测定，则

$$\Delta p = gR(\rho_0 - \rho) = B''R \tag{0-8}$$

式中常数　$B'' = g(\rho_0 - \rho)$

将 Δp 代入上式整理为

$$\lambda = B'B'' \frac{R}{u^2} = B \frac{R}{u^2} \tag{0-9}$$

式中常数 B 为　$B = \dfrac{d}{l} \cdot \dfrac{2g(\rho_0 - \rho)}{\rho}$

仅有变量 R 和 u，这样 λ 的计算非常方便。

④ 实验结果及结论用列表法、图示法或回归分析法来说明都可以，但均需标明实验条件。列表法、图示法和回归分析法详见第三章实验数据处理。

4. 实验后总结

实验总结是以实验报告的形式完成的。实验报告是一项技术文件，是学生用文字表达技术资料的一种训练，不少学生对实验报告没有给予足够重视，或者不会用准确的科学的数字和观点来书写报告，图形表达也缺乏训练。因此，对学生来说，需要严格训练编写实验报告的能力，这对今后写好研究报告和科研论文是必不可少的。

化工原理实验具有显著的工程性，属于工程技术科学的范畴，它研究的对象是复杂的实际问题和工程问题，鉴于化工原理的实验报告是实验测定的主要技术依据，因此，必须撰写实验报告。实验报告内容可在预习报告的基础上完成，它包括以下内容：实验目的、流程和操作步骤，数据整理（包括一个计算示例）和结论。有时还要加上问题讨论等。

实验报告必须书写工整，图形绘制必须用直尺或曲线板。实验报告是考核实验成绩的主要方面，应认真对待。

实验报告根据各个实验要求按传统实验报告格式或小论文格式撰写，报告的格式详见附录。实验报告应按规定时间上交，否则报告成绩要扣分；不交实验报告者不允许参加期末笔试。

五、化工原理实验安全注意事项

（1）学生在实验室内要认真遵守纪律，遵守实验室守则以及其它规章制度，听从教师指导，不迟到不早退，不得在实验室大声喧哗，保持实验室内安静。

（2）实验室内动力电、配电线路不得自行更动、超负荷用电或昼夜不断电。用电导线不能裸露，实验时严禁裸线带电工作（如带接、拆线）。使用高压动力电时，应穿戴绝缘胶鞋和手套，或用安全杆操作；有人触电时，应立即切断电源，或用绝缘物体将电线与人体分离后，再实施抢救。

（3）实验前要认真做好预习工作，认真地阅读实验内容，了解实验目的、要求、原理

以及实验步骤；实验前要进行现场预习，了解整个实验的实验流程，了解相关实验设备的各个装置、操作控制点、测试点、仪表使用方法、操作步骤及顺序等。实验前要各小组要组织制定好实验方案，包括实验流程、实验步骤、所需材料设备、实验检测手段、数据记录等，并针对实验方案，做好实验分工。

（4）实验操作过程，学生一定要严格按照相关实验的操作规程进行操作，遵守相关仪器设备的操作规程，不得擅自变更操作步骤，操作前须经教师检查同意后方可接通电路和开车，实验过程中遇到问题不得擅自处理，应及时向老师汇报，老师处理后方可进行操作。操作中仔细观察现象，并会分析引起现象的原因，如实记录实验现象和数据。

（5）实验后按照操作规程，按步骤关闭相关操作点，待老师检查无误后，向老师报告方可离开。并根据原始实验数据记录，按相关实验报告要求处理数据、分析问题及时作好实验报告。

（6）爱护实验设备和实验仪器，爱护仪器设备、材料、工具等，实验药品和耗材要注意节约。

（7）做好实验室的清洁工作，保持实验室整洁，废品、废物丢入垃圾箱内，恢复仪器设备原状，关好门窗，离开实验室前要确保水、电、气关闭。

（8）易燃与有毒危险品要妥善保管，对废气、废物、废液的处理须严格按照有关规定执行，不得随意排放，不得污染环境。

（9）违章操作，玩忽职守，忽视安全而酿成事故的，应及时向老师报告，对相关责任人要从严处理，所造成的损失按学校有关规定赔偿。

六、思考题

1. 化工原理的研究对象是什么？化工原理实验有哪些特点？
2. 如何学好化工原理实验这门课程？

第一章　化工原理实验的研究方法

　　化工原理是一门工程学科，它要解决的不单是过程的基本规律，而且面临着真实的、复杂的生产问题——特定的物料在特定的设备中进行特定的过程。实际问题的复杂性不完全在于过程本身，而首先在于化工设备的复杂的几何形状和千变万化的物性。例如，过滤中发生的过程是流体的流动，其本身并不复杂，但滤饼提供的是形状不规则的网状结构通道。对这样的流体边界做出如实的、逼真的数学描述几乎是不可能的。采用直接的数学描述和方程求解的方法将十分困难。因此，探求合理的研究方法是发展这门工程学科的重要方面，然而，化工原理研究方法的研究，离不开化工原理实验。

　　化工原理实验属于工程实验，工程实验不同于基础课程的实验，后者采用的方法是理论的、严密的，研究的对象通常是简单的、基本的甚至是理想的，而工程实验面对的是复杂的实验问题和工程问题，对象不同，实验研究方法必然不一样，工程实验的困难在于变量多，涉及的物料千变万化，设备大小悬殊，困难可想而知。化学工程学科，如同其他工程学科一样，除了生产经验总结以外，实验研究是学科建立和发展的重要基础。多年来，化工原理在发展过程中形成的研究方法有直接实验法、因次分析法和数学模型法三种。

一、直接实验法

　　直接实验法是根据研究的目的、任务，人为地制造或改变某些客观条件，控制或模拟某些自然过程。这是一种解决工程实际问题的最基本的方法，对特定的工程问题直接进行实验测定，所得到的结果也较为可靠，但它往往只能用到条件相同的情况，具有较大的局限性。例如过滤某种物料，已知滤浆的浓度，在某一恒压条件下，直接进行过滤实验，测定过滤时间和所得滤液量，根据过滤时间和所得滤液量两者之间的关系，可以作出该物料在某一压力下的过滤曲线。如果滤浆浓度改变或过滤压力改变，所得过滤曲线也都将不同，分别寻找它们的共同规律，来指导后续的实验。

二、因次分析法

　　对一个多变量影响的工程问题，为研究过程的规律，往往采用网格法规划实验，即依次固定其它变量，改变某一变量测定目标值。比如影响流体阻力的主要因素有：管径 d、管长 l、平均流速 u、流体密度 ρ、流体黏度 μ 及管壁粗糙度 ε，变量数为 6，如果每个变量改变条件次数为 10 次，则需要做 10^6 次实验，不难看出变量数是出现在幂上，涉及变量越多，所需实验次数将会剧增，因此实验需要在一定的理论指导下进行，以减少工作量，并使得到的结果具有一定的普遍性。因次分析法是化工原理广泛使用的一种研究方法。

　　因次分析法（Actor Analysis Method），这是一种将各候选方案的客观因素和主观因素同时加权并加以比较的方法。基本理论是因次一致性原则和白金汉（Buckingham）的 π 定理。因次一致性原则是：凡是根据基本的物理规律导出的物理量方程，其中各项的因次必然相同。白金汉的 π 定理是：用因次分析所得到的独立的因次数群个数，等于变量数与基本因次数之差。

因次分析法是将多变量函数整理为简单的无因次数群的函数，然后通过实验归纳整理出算图或准数关系式，从而大大减少实验工作量，同时也容易将实验结果应用到工程计算和设计中。使用因次分析法时应明确因次与单位是不同的，因次又称量纲，是指物理量的种类，而单位是比较同一种类物理量大小所采用的标准，比如：力可以用牛顿、公斤力、磅来表示。因次有两类：一类是基本因次，它们是彼此独立的，不能相互导出；另一类是导出因次，由基本因次导出。例如在力学领域内基本因次有三个，通常为长度 $[L]$、时间 $[\Theta]$、质量 $[M]$，其他力学的物理量的因次都可以由这三个因次导出并可写成幂指数乘积的形式。现设某个物理量的导出因次为 Q：$[Q]=[M^a L^b \Theta^c]$ 式中 a、b、c 为常数。如果基本因次的指数均为零，这个物理量称为无因次数（或无因次数群），如反映流体流动状态的雷诺数就是无因次数群。

1. 因次分析法的具体步骤

① 找出影响过程的独立变量；
② 确定独立变量所涉及的基本因次；
③ 构造因变量和自变量的函数式，通常以指数方程的形式表示；
④ 用基本因次表示所有独立变量的因次，以及各独立变量的因次式；
⑤ 依据物理方程的因次一致性原则和 π 定理得到准数方程；
⑥ 通过实验归纳总结准数方程的具体函数式。

2. 因次分析法举例说明

以获得流体在管内流动的阻力和摩擦系数 λ 的关系式为例。根据摩擦阻力的性质和有关实验研究，得知由于流体内摩擦而出现的压力降 Δp 与 6 个因素有关，函数关系可写为：

$$\Delta p = f(d, l, u, \rho, \mu, \varepsilon) \tag{1-1}$$

这个隐函数是什么形式并不知道，但从数学上讲，任何非周期性函数，用幂函数的形式逼近是可取的，所以化工上一般将其改为下列幂函数的形式：

$$\Delta p = K d^a l^b u^c \rho^d \mu^e \varepsilon^f \tag{1-2}$$

尽管上式中各物理量上的幂指数是未知的，但根据因次一致性原则可知，方程式等号右侧的因次必须与 Δp 的因次相同；那么组合成几个无因次数群才能满足要求呢？由式(1-1)分析，变量数 $n=7$（包括 Δp），表示这些物理量的基本因次 $m=3$（质量 $[M]$、长度 $[L]$、时间 $[\Theta]$），因此根据白金汉的 π 定理可知，组成的无因次数群的数目为 $N=n-m=4$。

通过因次分析，将变量无因次化。式(1-2) 中各物理量的因次分别是：

$$\Delta p = [ML^{-1}\Theta^2] \qquad d=l=[L] \qquad u=[L\Theta^{-1}]$$
$$\rho=[ML^{-3}] \qquad \mu=[ML^{-1}\Theta^{-1}] \varepsilon=[L]$$

将各物理量的因次代入式(1-2)，则两端因次为：

$$ML^{-1}\Theta^{-2}=KL^a L^b (L\Theta^{-1})^c (ML^{-3})^d (ML^{-1}\Theta^{-1})^e L^f$$

根据因次一致性原则，上式等号两边各基本量的因次的指数必然相等，可得方程组：

对基本因次 $[M]$　　$d+e=1$

对基本因次 $[L]$　　$a+b+c-3d-e-f=-1$

对基本因次 $[\theta]$　　$-c-e=-2$

此方程组包括 3 个方程，却有 6 个未知数，设用其中三个未知数 b、e、f 来表示 a、d、

c，解此方程组。可得：

$$\begin{cases} a = -b-c+3d+e-f-1 \\ d = 1-e \\ c = 2-e \end{cases} \qquad \begin{cases} a = -b-e-f \\ d = 1-e \\ c = 2-e \end{cases}$$

将求得的 a、d、c 代入式(1-2)，即得：

$$\Delta p = K d^{-b-e-f} l^b u^{2-e} \rho^{1-e} \mu^e \varepsilon^f \tag{1-3}$$

将指数相同的各物理量归并在一起得：

$$\frac{\Delta p}{u^2 \rho} = K \left(\frac{l}{d}\right)^b \left(\frac{du\rho}{\mu}\right)^{-e} \left(\frac{\varepsilon}{d}\right)^f \tag{1-4}$$

$$\Delta p = 2K \left(\frac{l}{d}\right)^b \left(\frac{du\rho}{\mu}\right)^{-e} \left(\frac{\varepsilon}{d}\right)^f \left(\frac{u^2 \rho}{2}\right) \tag{1-5}$$

将此式与计算流体在管内摩擦阻力的公式

$$\Delta p = \lambda \frac{l}{d} \left(\frac{u^2 \rho}{2}\right) \tag{1-6}$$

相比较，整理得到研究摩擦系数 λ 的关系式，即

$$\lambda = 2K \left(\frac{du\rho}{\mu}\right)^{-e} \left(\frac{\varepsilon}{d}\right)^f \tag{1-7}$$

或 $$\lambda = \Phi\left(Re \cdot \frac{\varepsilon}{d}\right) \tag{1-8}$$

由以上分析可以看出：在因次分析法的指导下，将一个复杂的多变量的管内流体阻力的计算问题，简化为摩擦系数 λ 的研究和确定。它是建立在正确判断过程影响因素的基础上，进行了逻辑加工而归纳出的数群。上面的例子只能告诉我们：λ 是 Re 与 ε/d 的函数，至于它们之间的具体形式，归根到底还得靠实验来实现。通过实验变成一种算图或经验公式用以指导工程计算和工程设计。著名的莫狄（Moody）摩擦系数图即"摩擦系数 λ 与 Re、ε/d 的关系曲线"就是这种实验的结果。许多实验研究了各种具体条件下的摩擦系数 λ 的计算公式，其中较著名的，如适用于光滑管的柏拉修斯（Blasius）公式：

$$\lambda = \frac{0.3164}{Re^{0.25}}$$

其它研究结果可以参看有关教科书及手册。

因次分析法有两点值得注意：

① 最终所得数群的形式与求解联立方程组的方法有关。在前例中如果不以 b、e、f 来表示 a、d、c 而改为以 d、e、f 表示 a、b、c，整理得到的数群形式也就不同。不过，这些形式不同的数群可以通过互相乘除，仍然可以变换成前例中所求得的四个数群。

② 必须对所研究的过程的问题有本质的了解，如果有一个重要的变量被遗漏或者引进一个无关的变量，就会得出不正确的结果，甚至导致谬误的结论。所以应用因次分析法必须持谨慎的态度。

从以上分析可知：因次分析法是通过将变量组合成无因次数群，从而减少实验自变量的个数，大幅度地减少实验次数，此外另一个极为重要的特性是，若按式(1-1)进行实验时，为改变 ρ 和 μ，实验中必须换多种液体；为改变 d，必须改变实验装置（管径）。而应用因次分析所得的式(1-5)指导实验时，要改变 $du\rho/\mu$ 只需改变流速；要改变 l/d，只需改变测量段的距离，即两测压点的距离。从而可以将水、空气等的实验结果推广应用于其它流体，将小尺寸模型的实验结果应用于大型实验装置。因此实验前的无因次化工作是规划一个实验的

一种有效手段，在化工上广为应用。

三、数学模型法

数学模型是用符号、函数关系将评价目标和内容系统规定下来，并把互相间的变化关系通过数学公式表达出来。所表达的内容可以是定量的，也可以是定性的，但必须以定量的方式体现出来。因此，数学模型法的操作方式偏向于定量形式。基本特征：①评价问题抽象化和仿真化；②各参数是由与评价对象有关的因素构成的；③要表明各有关因素之间的关系。

1. 数学模型法主要步骤

数学模型法是在对研究的问题有充分认识的基础上，按以下主要步骤进行工作：

① 将复杂问题做合理又不过于失真的简化，提出一个近似实际过程又易于用数学方程式描述的物理模型；

② 对所得到的物理模型进行数学描述即建立数学模型，然后确定该方程的初始条件和边界条件，求解方程；

③ 通过实验对数学模型的合理性进行检验并测定模型参数。

2. 数学模型法举例说明

以求取流体通过固定床的压降为例。固定床中颗粒间的空隙形成许多可供流体通过的细小通道，这些通道是曲折而且互相交联的，同时，这些通道的截面大小和形状又是很不规则的，流体通过如此复杂的通道时的压降自然很难进行理论计算，但我们可以用数学模型法来解决

（1）物理模型　流体通过颗粒层的流动多呈爬流状态，单位体积床层所具有的表面积对流动阻力有决定性的作用。这样，为解决压降问题，可在保证单位体积表面积相等的前提下，将颗粒层内的实际流动过程做如下大幅度的简化，使之可以用数学方程式加以描述：

将床层中的不规则通道简化成长度为 L_e 的一组平行细管，并规定：

① 细管的内表面积等于床层颗粒的全部表面；

② 细管的全部流动空间等于颗粒床层的空隙容积。

根据上述假定，可求得这些虚拟细管的当量直径 d_e

$$d_e = \frac{4 \times 通道的截面积}{润湿周边} \tag{1-9}$$

分子、分母同乘 L_e，则有

$$d_e = \frac{4 \times 床层的流动空间}{细管的全部内表面} \tag{1-10}$$

以 $1m^3$ 床层体积为基准，则床层的流动空间为 ε，每立方米床层的颗粒表面即为床层的比表面 α_B，因此，

$$d_e = \frac{4\varepsilon}{\alpha_B} = \frac{4\varepsilon}{\alpha(1-\varepsilon)} \tag{1-11}$$

按此简化的物理模型，流体通过固定床的压降即可等同于流体通过一组当量直径为 d_e，长度为 L_e 的细管的压降。

（2）数学模型　上述简化的物理模型，已将流体通过具有复杂的几何边界的床层的压降简化为通过均匀圆管的压降。对此，可用现有的理论做如下数学描述：

$$h_f = \frac{\Delta p}{\rho} = \lambda \frac{L_e}{d_e} \frac{u_1^2}{2} \tag{1-12}$$

式中 u_1 为流体在细管内的流速。u_1 可取为实际填充床中颗粒空隙间的流速，它与空床流速（表观流速）u 的关系为：

$$u = \varepsilon u_1 \tag{1-13}$$

将式(1-11)、式(1-13) 代入式(1-12) 得

$$\frac{\Delta p}{L} = \left(\lambda \frac{L_e}{8L} \right) \frac{(1-\varepsilon)\alpha}{\varepsilon^3} \rho u^2 \tag{1-14}$$

细管长度 L_e 与实际长度 L 不等，但可以认为 L_e 与实际床层高度 L 成正比，即 $\frac{L_e}{L} =$ 常数，并将其并入摩擦系数中，于是

$$\frac{\Delta p}{L} = \lambda' \frac{(1-\varepsilon)\alpha}{\varepsilon^3} \rho u^2 \tag{1-15}$$

式中

$$\lambda' = \frac{\lambda}{8} \frac{L_e}{L}$$

上式即为流体通过固定床压降的数学模型，其中包括一个未知的待定系数 λ'。λ' 称为模型参数，就其物理意义而言，也可称为固定床的流动摩擦系数。

（3）模型的检验和模型参数的估值　上述床层的简化处理只是一种假定，其有效性必须经过实验检验，其中的模型参数 λ' 亦必须由实验测定。

康采尼和欧根等均对此进行了实验研究，获得了不同实验条件下不同范围的 λ' 与 Re' 的关联式。由于篇幅所限，详细内容请参考有关书籍。

四、直接实验法、数学模型法和因次分析法的比较

对于数学模型法，决定成败的关键是对复杂过程的合理简化，即能否得到一个足够简单既可用数学方程式表示而又不失真的物理模型。只有充分地认识了过程的特殊性并根据特定的研究目的加以利用，才有可能对真实的复杂过程进行大幅度的合理简化，同时在指定的某一侧面保持等效。上述例子进行简化时，只在压降方面与实际过程这一侧面保持等效。

对于因次分析法，决定成败的关键在于能否如数地列出影响过程的主要因素。它无须对过程本身的规律有深入理解，只要做若干析因分析实验，考察每个变量对实验结果的影响程度即可。在因次分析法指导下的实验研究只能得到过程的外部联系，而对过程的内部规律则不甚了然。然而，这正是因次分析法的一大特点，它使因次分析法成为对各种研究对象原则上皆适用的一般方法。

数学模型法的实验目的是为了检验物理模型的合理性并测定为数较少的模型参数；而因次分析法的实验目的是为了寻找各无因次变量之间的函数关系。无论是数学模型法还是因次分析法，最后都要通过实验解决问题。

五、思考题

1. 化工原理实验的研究方法有哪些？它们各自的特点是什么？
2. 化工原理实验的研究方法与基础化学实验的区别是什么？

第二章　实验数据的误差分析

通过实验测量所得大批数据是实验的主要成果，但在实验中，由于测量仪表、操作方法和人的观察等方面的原因，实验数据总存在一些误差，所以在整理这些数据时，首先应对实验数据的可靠性进行客观的评定。

误差分析的目的就是评定实验数据的精确性，通过误差分析，认清误差的来源及其影响，并设法排除数据中所包含的无效成分，在实验中注意哪些是影响实验精确度的主要方面，还可以进一步改进实验方案，细心操作，从而提高实验的精确性。因此，对实验误差进行分析和估算，在评判实验结果和设计方案方面具有重要的意义。

一、误差的基本概念

1. 实验数据误差的来源及分类

在任何一种测量中，无论所用仪器多么精密，方法多么完善，实验者多么细心，不同时间所测得的结果不一定完全相同，而有一定的误差和偏差，严格来讲，误差是指实验测量值（包括直接和间接测量值）与真值（客观存在的准确值）之差，偏差是指实验测量值与平均值之差，但习惯上通常将两者混淆而不以区别。根据误差的性质及其产生的原因，可将误差分为系统误差、偶然误差和过失误差三种。

（1）系统误差　又称恒定误差，由某些固定不变的因素引起的。在相同条件下进行多次测量，其误差数值的大小和正负保持恒定，或随条件改变按一定的规律变化。

产生系统误差的原因有：①仪器刻度不准，砝码未经校正等；②试剂不纯，质量不符合要求；③周围环境的改变如外界温度、压力、湿度的变化等；④个人的习惯与偏向如读取数据常偏高或偏低，记录某一信号的时间总是滞后，判定滴定终点的颜色程度各人不同等因素所引起的误差。可以用准确度一词来表征系统误差的大小，系统误差越小，准确度越高，反之亦然。

由于系统误差是测量误差的重要组成部分，消除和估计系统误差对于提高测量准确度就十分重要。一般系统误差是有规律的。其产生的原因也往往是可知或找出原因后可以清除掉。至于不能消除的系统误差，我们应设法确定或估计出来。

（2）偶然误差　又称随机误差，由某些不易控制的因素造成的。在相同条件下做多次测量，其误差的大小，正负方向不一定，其产生原因一般不详，因而也就无法控制，主要表现在测量结果的分散性，但完全服从统计规律，研究随机误差可以采用概率统计的方法。在误差理论中，常用精密度一词来表征偶然误差的大小。偶然误差越大，精密度越低，反之亦然。

在测量中，如果已经消除引起系统误差的一切因素，而所测数据仍在末一位或末二位数字上有差别，则为偶然误差。偶然误差的存在，主要是我们只注意认识影响较大的一些因素，而往往忽略其他还有一些小的影响因素，不是我们尚未发现，就是我们无法控制，而这些影响，正是造成偶然误差的原因。

（3）过失误差　又称粗大误差，与实际明显不符的误差，主要是由于实验人员粗心大意所致，如读错、测错、记错等都会带来过失误差。含有粗大误差的测量值称为坏值，应在整理数据时依据常用的准则加以剔除。

综上所述，我们可以认为系统误差和过失误差总是可以设法避免的，而偶然误差是不可避免的，因此最好的实验结果应该只含有偶然误差。

2. 实验数据的精密度、正确度和精确度（准确度）概念与区别

精准度与误差的概念是相反相成的，精确度高，误差就小；误差大，精确度就低。测量的质量和水平，可用误差的概念来描述，也可用准确度等概念来描述。国内外文献所用的名词术语颇不统一，精密度、正确度、精确度这几个术语的使用一向比较混乱。近年来趋于一致的多数意见是：

① 精密度：衡量某些物理量几次测量之间的一致性，即重复性。反映偶然误差大小的影响程度。

② 正确度：在规定条件下，测量中所有系统误差的综合，反映系统误差大小的影响程度。

③ 精确度（准确度）：指测量结果与真值偏离的程度。反映系统误差和随机误差综合大小的影响程度。

为说明它们之间的区别，往往用打靶来作比喻。如图 2-1 所示，A 的系统误差小而偶然误差大，即正确度高而精密度低；B 的系统误差大而偶然误差小，即正确度低而精密度高；C 的系统误差和偶然误差都小，表示精确度（准确度）高。当然实验测量中没有像靶心那样明确的真值，而是设法去测定这个未知的真值。

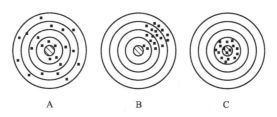

图 2-1　精密度、正确度、精确度含义示意图

对于实验测量来说，精密度高，正确度不一定高。正确度高，精密度也不一定高。但精确度（准确度）高，必然是精密度与正确度都高。

3. 真值与平均值

真值是指某物理量客观存在的确定值。通常一个物理量的真值是不知道的，是我们努力要求测到的。严格来讲，由于测量仪器、测定方法、环境、人的观察力、测量的程序等，都不可能是完善无缺的，故真值是无法测得的，是一个理想值。但是经过细致地消除系统误差，经过无数次测定，根据随机误差中正负误差出现概率相等的规律，测定结果的平均值可以无限接近真值。但是实际上测量次数总是有限的，由此得出的平均值只能近似于真值，称此平均值为最佳值。计算中可将此最佳值当做真值，或用"标准仪表"（即精确度较高的仪表）所测之值当做真值。一般我们称这一最佳值为平均值。常用的平均值有下列几种。

（1）算术平均值　这种平均值最常用。凡测量值的分布服从正态分布时，用最小二乘法原理可以证明：在一组等精度的测量中，算术平均值为最佳值或最可信赖值。

$$x_{\mathrm{m}} = \frac{x_1 + x_2 + \cdots + x_n}{n} = \frac{\sum\limits_{i=1}^{n} x_i}{n} \tag{2-1}$$

式中　x_1、x_2、$\cdots$、x_n——各次观测值；

　　　　n——观察的次数。

（2）均方根平均值

$$\bar{x}_{\mathrm{均}} = \sqrt{\frac{x_1^2 + x_2^2 + \cdots x_n^2}{n}} = \sqrt{\frac{\sum\limits_{i=1}^{n} x_i^2}{n}} \tag{2-2}$$

（3）加权平均值　设对同一物理量用不同方法去测定，或对同一物理量由不同人去测定，计算平均值时，常对比较可靠的数值予以加重平均，称为加权平均。

$$\bar{w} = \frac{w_1 x_1 + w_2 x_2 + \cdots + w_n x_n}{w_1 + w_2 + \cdots + w_n} = \frac{\sum\limits_{i=1}^{n} w_i x_i}{\sum\limits_{i=1}^{n} w_i} \tag{2-3}$$

式中　x_1、x_2、$\cdots$、x_n——各次观测值；

　　w_1、w_2、$\cdots$、w_n——各测量值的对应权重。各观测值的权数一般凭经验确定。

（4）几何平均值

$$\bar{x} = \sqrt[n]{x_1 \cdot x_2 \cdot x_3 \cdot \cdots \cdot x_n} \tag{2-4}$$

（5）对数平均值

$$\bar{x}_{\mathrm{n}} = \frac{x_1 - x_2}{\ln x_1 - \ln x_2} = \frac{x_1 - x_2}{\ln \dfrac{x_1}{x_2}} \tag{2-5}$$

对数平均值多用于热量和质量传递中，当 $x_1/x_2 < 2$ 时，可用算术平均值代替对数平均值，引起的误差不超过 4.4%。

以上介绍的各种平均值，目的是要从一组测定值中找出最接近真值的那个值。平均值的选择主要决定于一组观测值的分布类型，在化工原理实验研究中，数据分布较多属于正态分布，可以证明算术平均值即为一组等精度测量的最佳值或最可信赖值，故通常采用算术平均值。

二、误差的表示方法

测量误差的表示方法主要有绝对误差、相对误差、算术平均误差、标准误差。

（1）绝对误差 D　某物理量在一系列测量中，某测量值与其真值之差称绝对误差。实际工作中常以最佳值代替真值，测量值与最佳值之差称残余误差，习惯上也称为绝对误差。

$$D = |X - x| \tag{2-6}$$

即　$X - x = \pm D$　　$x - D \leqslant X \leqslant x + D$

式中　X——真值，常用多次测量的平均值代替；

　　　x——测量集合中某测量值。

如在实验中对物理量的测量只进行一次，可根据测量仪器出厂鉴定书注明的误差，或可取仪器最小刻度值的一半作为单次测量的误差。例如某压力表注明精（确）度为 1.5 级，即表明该仪表最大误差为相当档次最大量程之 1.5%，若最大量程为 0.4MPa，该压力表最大误差为：

$$0.4 \times 1.5\% \mathrm{MPa} = 0.006 \mathrm{MPa} = 6 \times 10^3 \mathrm{Pa}$$

又如某天平的感量或名义分度值为 0.1mg，则表明该天平的最小刻度或有把握正确的最小单位为 0.1mg，即最大误差为 0.1mg。

化工原理实验中最常用的 U 形管压差计、转子流量计、秒表、量筒、电压表等仪表原则上均取其最小刻度值为最大误差，而取其最小刻度值的一半作为绝对误差计算值。

（2）相对误差 Er 为了比较不同测量值的精确度，经绝对误差与真值（或近似地与平均值）之比作为相对误差：

$$\mathrm{Er} = \frac{D}{|X|} \tag{2-7}$$

相对误差常用百分数或千分数表示。因此不同物理量的相对误差可以互相比较，相对误差与被测之量的大小及绝对误差的数值都有关系。

（3）算术平均误差 δ 它是一系列测量值的误差绝对值的算术平均值。算术平均误差是表示误差的较好方法，其定义为

$$\delta = \frac{\sum |x_i - x_{\mathrm{m}}|}{n} = \frac{\sum |d_i|}{n-1} \quad (i = 1, 2, \cdots, n) \tag{2-8}$$

式中 n——观测次数；

d_i——测量值与平均值的偏差，$d_i = x_i - \alpha$。

算术平均误差的缺点是无法表示出各次测量间彼此符合的情况。

（4）标准误差（均方误差）σ 标准误差也称为根误差。在有限次测量中，标准误差可用下式表示：

$$\sigma = \sqrt{\frac{\sum (x_i - x_{\mathrm{m}})^2}{n}} = \sqrt{\frac{\sum d_i^2}{n}} \tag{2-9}$$

标准误差对一组测量中的较大误差或较小误差感觉比较灵敏，成为表示精确度的较好方法。

式（2-9）适用无限次测量的场合。实际测量中，测量次数是有限的，改写为

$$\sigma = \sqrt{\frac{\sum d_i^2}{n-1}} \tag{2-10}$$

标准误差不是一个具体的误差，σ 的大小只说明在一定条件下等精度测量集合所属的任一次观察值对其算术平均值的分散程度，如果 σ 的值小，说明该测量集合中相应小的误差就占优势，任一次观测值对其算术平均值的分散度就小，测量的可靠性就大。

标准误差是目前最常用的一种表示精确度的方法，它不但与一系列测量值中的每个数据有关，而且对其中较大的误差或较小的误差敏感性很强，能较好地反映实验数据的精确度，实验愈精确，其标准误差愈小。

上述的各种误差表示方法中，不论是比较各种测量的精度或是评定测量结果的质量，均以相对误差和标准误差表示为佳，而在文献中标准误差更常被采用。

三、"过失"误差的舍弃

这里加引号的"过失"误差与真正的过失误差是不同的，在稳定过程，不受任何人为因

素影响，测量出少量过大或过小的数值，随意地舍弃这些"坏值"，以获得实验结果的一致，这是一种错误的做法，"坏值"的舍弃要有理论依据。

如何判断是否属于异常值？最简单的方法是以三倍标准误差为依据。

从概率的理论可知，大于 3σ（均方根误差）的误差所出现的概率只有 0.3%，故通常把这一数值称为极限误差，即

$$\delta_{极限}=3\sigma \tag{2-11}$$

如果个别测量的误差超过 3σ，那么就可以认为属于过失误差而将其舍弃。重要的是如何从有限的几次观察值中舍弃可疑值的问题，因为测量次数少，概率理论已不适用，而个别失常测量值对算术平均值影响很大。

有一种简单的判断法，即略去可疑观测值后，计算其余各观测值的平均值 a 及平均误差 δ，然后算出可疑观测值 x_i 与平均值 a 的偏差 d，如果

$$d \geqslant 4\delta$$

则此可疑值可以舍弃，因为这种观测值存在的概率大约只有千分之一。

四、间接测量中的误差传递

在许多实验和研究中，所得到的结果有时不是用仪器直接测量得到的，而是要把实验现场直接测量值代入一定的理论关系式中，通过计算才能求得所需要的结果，即间接测量值，如雷诺数 $Re=du\rho/u$ 就是间接测量值，由于直接测量值有误差，因而使间接测量值也必然有误差。由于直接测量值总有一定的误差，因此它们必然引起间接测量值也有一定的误差，也就是说直接测量误差不可避免地传递到间接测量值中去，而产生间接测量误差。怎样由直接测量值的误差计算间接测量值的误差呢？这就是误差的传递问题。

误差的传递公式：从数学中知道，当间接测量值（y）与直接值测量值（x_1，x_2，$\cdots$，x_n）有函数关系时，即

$$y=f(x_1,x_2,\cdots,x_n)$$

则其微分式为：

$$dy=\frac{\partial y}{\partial x_1}dx_1+\frac{\partial y}{\partial x_2}dx_2+\cdots+\frac{\partial y}{\partial x_n}dx_n \tag{2-12}$$

$$\frac{dy}{y}=\frac{1}{f(x_1,x_2,\cdots,x_n)}\left[\frac{\partial y}{\partial x_1}dx_1+\frac{\partial y}{\partial x_2}dx_2+\cdots+\frac{\partial y}{\partial x_n}dx_n\right] \tag{2-13}$$

根据式（2-12）和式（2-13），当直接测量值的误差（Δx_1，Δx_2，$\cdots$，Δx_n）很小，并且考虑到最不利的情况，应是误差累积和取绝对值，则可求间接测量值的误差 Δy 或 $\Delta y/y$ 为：

$$\Delta y=\left|\frac{\partial y}{\partial x_1}\right|\cdot|\Delta x_1|+\left|\frac{\partial y}{\partial x_2}\right|\cdot|\Delta x_2|+\cdots+\left|\frac{\partial y}{\partial x_n}\right|\cdot|\Delta x_n| \tag{2-14}$$

相对误差的计算式为：

$$Er=\frac{\Delta y}{y}=\frac{1}{f(x_1,x_2,\cdots,x_n)}\left[\left|\frac{\partial y}{\partial x_1}\right|\cdot|\Delta x_1|+\left|\frac{\partial y}{\partial x_2}\right|\cdot|\Delta x_2|+\cdots+\left|\frac{\partial y}{\partial x_n}\right|\cdot|\Delta x_n|\right] \tag{2-15}$$

这两个式子就是由直接测量误差计算间接测量误差的误差传递公式。对于标准差的传则有：

$$\sigma_y=\sqrt{\left(\frac{\partial y}{\partial x_1}\right)^2\sigma_{x_1}^2+\left(\frac{\partial y}{\partial x_2}\right)^2\sigma_{x_2}^2+\cdots+\left(\frac{\partial y}{\partial x_n}\right)^2\sigma_{x_n}^2}=\sqrt{\sum_{i=1}^{n}\left(\frac{\partial f}{\partial x_i}\right)^2\sigma_i^2} \tag{2-16}$$

式中，σ_{x_1}，σ_{x_2} 等分别为直接测量的标准误差，σ_y 为间接测量值的标准误差。

上式中各分误差取绝对值，从最保险出发，不考虑误差实际上有抵消的可能，此时函数误差为最大值。

上式在有关资料中称之为"几何合成"或"极限相对误差"。计算函数的误差的各种关系式见表 2-1。

表 2-1　函数式的误差关系表

数学式	误差传递公式	
	最大绝对误差	最大相对误差 Er(y)
$y=x_1+x_2+\cdots+x_n$	$\Delta y=\pm(\lvert\Delta x_1\rvert+\lvert\Delta x_2\rvert+\cdots+\lvert\Delta x_n\rvert)$	$\mathrm{Er}(y)=\dfrac{\Delta y}{y}$
$y=x_1+x_2$	$\Delta y=\pm(\lvert\Delta x_1\rvert+\lvert\Delta x_2\rvert)$	$\mathrm{Er}(y)=\dfrac{\Delta y}{y}$
$y=x_1\cdot x_2$	$\begin{aligned}\Delta y&=\Delta(x_1\cdot x_2)\\&=\pm(\lvert x_1\cdot\Delta x_2\rvert+\lvert x_2\cdot\Delta x_1\rvert)\\&\text{或 }\Delta y=y\cdot\mathrm{Er}(y)\end{aligned}$	$\begin{aligned}\mathrm{Er}(y)&=\mathrm{Er}(x_1\cdot x_2)\\&=\pm\left(\left\lvert\dfrac{\Delta x_1}{x_1}\right\rvert+\left\lvert\dfrac{\Delta x_2}{x_2}\right\rvert\right)\end{aligned}$
$y=x_1\cdot x_2\cdot x_3$	$\begin{aligned}\Delta y&=\pm(\lvert x_1\cdot x_2\cdot\Delta x_3\rvert\\&+\lvert x_1\cdot x_3\cdot\Delta x_2\rvert+\lvert x_2\cdot x_3\cdot\Delta x_1\rvert)\\&\text{或 }\Delta y=y\cdot\mathrm{Er}(y)\end{aligned}$	$\mathrm{Er}(y)=\pm\left(\left\lvert\dfrac{\Delta x_1}{x_1}\right\rvert+\left\lvert\dfrac{\Delta x_2}{x_2}\right\rvert+\left\lvert\dfrac{\Delta x_3}{x_3}\right\rvert\right)$
$y=x^n$	$\begin{aligned}\Delta y&=\pm(\lvert nx^{n-1}\cdot\Delta x\rvert)\\&\text{或 }\Delta y=y\cdot\mathrm{Er}(y)\end{aligned}$	$\mathrm{Er}(y)=\pm\left(n\left\lvert\dfrac{\Delta x}{x}\right\rvert\right)$
$y=\sqrt[n]{x}$	$\begin{aligned}\Delta y&=\pm\left(\left\lvert\dfrac{1}{n}x^{\frac{1}{n}-1}\cdot\Delta x\right\rvert\right)\\&\text{或 }\Delta y=y\cdot\mathrm{Er}(y)\end{aligned}$	$\mathrm{Er}(y)=\dfrac{\Delta y}{y}=\pm\left(\left\lvert\dfrac{1}{n}\dfrac{\Delta x}{x}\right\rvert\right)$
$y=\dfrac{x_1}{x_2}$	$\Delta y=y\cdot\mathrm{Er}(y)$	$\mathrm{Er}(y)=\pm\left(\left\lvert\dfrac{\Delta x_1}{x_1}\right\rvert+\left\lvert\dfrac{\Delta x_2}{x_2}\right\rvert\right)$
$y=cx$	$\begin{aligned}\Delta y&=\Delta(cx)=\pm\lvert c\cdot\Delta x\rvert\\&\text{或 }\Delta y=y\cdot\mathrm{Er}(y)\end{aligned}$	$\mathrm{Er}(y)=\dfrac{\Delta y}{y}\text{ 或 }\mathrm{Er}(y)=\pm\left\lvert\dfrac{\Delta x}{x}\right\rvert$
$\begin{aligned}y&=\lg x\\&=0.43429\ln x\end{aligned}$	$\begin{aligned}\Delta y&=\pm\lvert(0.43429\ln x)'\cdot\Delta x\rvert\\&=\pm\left\lvert\dfrac{0.43429}{x}\cdot\Delta x\right\rvert\end{aligned}$	$\mathrm{Er}(y)=\dfrac{\Delta y}{y}$

【例 2-1】　在流量计标定实验中，孔板流量计的流量系数 C_0 可由下式计算：

$$C_0=\frac{V_s}{A_0\sqrt{2gR(\rho_0-\rho)/\rho}}=\frac{ZA}{tA_0\sqrt{2gR(\rho_0-\rho)/\rho}}$$

式中　V_s——体积流量，$V_s=V/t=ZA/t$；

A_0——孔板的锐孔面积，m^2；

R——U 形管压差计读数，m；

ρ——流体密度，kg/m^3；

ρ_0——指示剂密度，kg/m^3；

g——重力加速度，$g=9.81m/s^2$。

V——在 t 时间内所测水的体积，m^3；

A——水箱截面积，m^2；

Z——水位增加的高度，m。

已知某次测量中

$t=(30.0\pm0.05)\text{s}$，　　　　　　　$Z=(0.230\pm0.001)\text{m}$，

$A=(0.250\pm0.002)\text{m}^2$，　　　　　$A_0=(3.142\pm0.016)\times10^{-4}\text{m}^2$，

$R=(0.400\pm0.001)\text{m}$，　　　　　$\rho_0=(1.36\pm0.005)\times10^{-4}\text{kg/m}^3$

$\rho=(1.00\pm0.005)\times10^3\text{kg/m}^3$，　　$g=9.81(1\pm0.0056)\text{m/s}^2$，

求 C_0 的误差。

解： 式中多为乘除，故用相对误差计算比较方便。

各量的相对误差：

$$e_t=\frac{0.05}{30}=0.17\%，\quad e_z=\frac{0.001}{0.23}=0.43\%，$$

$$e_A=\frac{0.002}{0.25}=0.80\%，\quad e_{A_0}=\frac{0.016}{3.142}=0.51\%，$$

$$e_R=\frac{0.001}{0.4}=0.25\%，\quad e_{\rho_0}=\frac{0.005}{1.36}=0.37\%，$$

$$e_\rho=\frac{0.005}{1}=0.5\%，\quad e_g=0.56\%$$

根据误差传递公式

$$e_{C_0}=e_z+e_A+e_{A_0}+e_t+\frac{1}{2}\left(e_g+e_R+e_\rho+\frac{\Delta\rho_0+\Delta\rho}{\rho_0-\rho}\right)$$

$$=0.43\%+0.8\%+0.51\%+0.17\%+\frac{1}{2}\left[0.56\%+0.25\%+0.5\%+\frac{0.005+0.05}{13600-1000}\right]$$

$$=2.6\%$$

$$C_0=\frac{0.23\times0.25}{30\times3.142\times10^{-4}\sqrt{2\times9.18\times0.4\dfrac{13600-1000}{1000}}}=0.613$$

故　$C_0=0.613(1\pm0.026)$

即 C_0 的真值为 $0.597\sim0.629$。

五、误差分析在实验中的具体应用

误差分析除用于计算测量结果的精确度外，还可以对具体的实验设计预先进行误差分析，在找到误差的主要来源及每一个因素所引起的误差大小后，对实验方案和选用仪器仪表提出有益的建议。整理一系列实验数据时，可以按下述步骤进行：

(1) 求一组测量值的算术平均值 x_m　根据随机误差符合正态分布的特点，按误差的正态分布曲线，可以得出算术平均值是该组测量值的最佳值（当消除了系统误差并进行无数次测定时，该最佳值无限接近真值）。

(2) 求出各测定值的绝对误差 d 与标准误差 σ。

(3) 确定各测定值的最大可能误差，并验证各测定值的误差不大于最大可能误差　按照随机误差正态分布曲线可得一个绝对误差，$(x-x_m)$ 出现在 $\pm3\sigma$ 范围内的概率为 99.7%，也就是说 $(x-x_m)>\pm3\sigma$ 的概率是极小的（0.3%），故以 $\pm3\sigma$ 为最大可能误差，超出 $\pm3\sigma$ 的误差已不属于随机误差，而是过失误差，因此该数据应予剔除。

(4) 在满足第（3）条件后，再确定其算术平均值的标准差。

【例 2-2】 化工原理实验中，某参数共测定了 16 次，结果如下：

$x_i=102，98，99，100，97，140，95，100，98，96，102，101，101，102，99，102。$

求其最佳数及误差。

解：列表计算其平均值及误差，见表2-2。

表 2-2 实验数据平均值及误差表

序号	原始数据 x_i	第一次整理		第二次整理		
		$x_m - x_i$	$(x_m - x_i)^2$	x_i	$x_m - x_i$	$(x_m - x_i)^2$
1	102	0	0	102	−2.53	6.4
2	98	4	16	98	1.47	2.2
3	99	3	9	99	0.47	0.2
4	100	2	4	100	−0.53	0.3
5	97	5	25	97	2.47	6.1
6	140	−38	1444	—	—	—
7	95	7	49	95	4.47	20.2
8	100	2	4	100	−0.53	0.3
9	98	4	16	98	1.47	2.2
10	96	6	36	96	3.47	12.0
11	102	0	0	102	−2.53	6.4
12	101	1	1	101	−1.53	2.3
13	101	1	1	101	−1.53	2.3
14	102	0	0	102	−2.53	6.4
15	99	3	9	99	0.47	0.2
16	102	0	0	102	−2.53	6.4
Σ	1632	0	1614	1492	0.15	73.7

求算术平均值：

$$x_m = \frac{1632}{16} = 102$$

个别测量值的最大可能误差为：

$$3\sigma = 3\sqrt{\frac{\sum(x_m - x_i)^2}{n-1}} = 3\sqrt{\frac{1614}{16-1}} = 31$$

检查各 $(x_m - x_i)$ 中，第六个数据的 $|x_m - x_i| = 38 > 31$，故此数据是不可靠的，舍弃此数据后进行第二次整理。

$$x_m = \frac{1492}{15} = 99.47$$

$$\sigma = \sqrt{\frac{73.7}{14}} = 2.29$$

$$3\sigma = 6.78$$

第二次整理中所有 $|x_m - x_i| < 6.87$，所以认为这些数据是可取的，由此可得算术平均值的标准误差：

$$\sigma_m = \frac{\sigma}{\sqrt{n}} = \frac{2.29}{\sqrt{15}} = 0.59$$

故其最佳值及误差可表示为：

$$x_m = 99.5 \pm 0.59$$

或

$$x_m = 99.5(1 \pm 0.0059)$$

【例 2-3】 本实验测定层流 Re-λ 关系是在 DN6 的小铜管中进行，因内径太小，不能采用一般的游标卡尺测量，而是采用体积法进行直径间接测量。截取高度为 400mm 的管子，测量这段管子中水的容积，从而计算管子的平均内径。测量的量具用移液管，其体积刻度线相当准确，而且它的系统误差可以忽略。体积测量三次，分别为 11.31、11.26、11.30（单位为 mL）。计算体积的算术平均值 x_m、平均绝对误差 $\overline{D}$、相对误差 Er 为多少？

解：算术平均值　$x_m = \dfrac{\sum x_i}{n} = \dfrac{11.31 + 11.26 + 11.30}{3} = 11.29$

平均绝对误差　$\overline{D} = \dfrac{|11.29 - 11.31| + |11.29 - 11.26| + |11.29 - 11.30|}{3} = 0.02$

相对误差　$Er = \dfrac{\overline{D}}{a} = \dfrac{\pm 0.02}{11.29} \times 100\% = 0.18\%$

【例 2-4】　要测定层流状态下，公称内径为 6mm 的管道的摩擦系数 λ（参见流体阻力实验），希望在 $Re = 200$ 时，λ 的精确度不低于 4.5%，问实验装置设计是否合理？并选用合适的测量方法和测量仪器。

解：λ 的函数形式是　$\lambda = \dfrac{2g\pi^2}{16} \cdot \dfrac{d^5(R_1 - R_2)}{lV_s^2}$

式中　R_1、R_2——被测量段前后液注读数值，mH_2O；

　　　　V_s——流量，m^3/s；

　　　　l——被测量段长度，m。

标准误差：$Er(\lambda) = \dfrac{\Delta \lambda}{\lambda} = \pm \sqrt{\left[5\left(\dfrac{\Delta d}{d}\right)\right]^2 + \left[2\left(\dfrac{\Delta V_s}{V_s}\right)\right]^2 + \left(\dfrac{\Delta l}{l}\right)^2 + \left(\dfrac{\Delta R_1 + \Delta R_2}{R_1 - R_2}\right)^2}$

要求 $Er(\lambda) < 4.5\%$，由于 $\dfrac{\Delta l}{l}$ 所引起的误差小于 $\dfrac{Er(\lambda)}{10}$，故可以略去不考虑。剩下三项分误差，可按等效法进行分配，每项分误差和总误差的关系：

$$Er(\lambda) = \sqrt{3m_i^2} = 4.5\%$$

每项分误差 $m_i = \dfrac{4.5}{\sqrt{3}}\% = 2.6\%$

① 流量项的分误差估计：

首先确定 V_s 值

$$V_s = Re\dfrac{d\mu\pi}{4\rho} = 2000 \times \dfrac{0.006 \times 10^{-3} \times \pi}{4 \times 1000}m^3/s = 9.4 \times 10^{-6}m^3/s = 9.4mL/s$$

这么小的流量可以采用 500mL 的量筒测其流量，量筒系统误差很小，可以忽略，读数误差为 ±5mL，计时用的秒表系统误差也可忽略，开停秒表的随机误差估计为 ±0.1s，当 $Re = 200$ 时，每次测量水量约为 450mL，需时间 48s 左右。流量测量最大误差为：

$$\dfrac{\Delta V_s}{V_s} = \pm\left(\dfrac{\Delta V}{V} + \dfrac{\Delta \tau}{\tau}\right) = \pm\left(\dfrac{5}{450} + \dfrac{0.1}{48}\right) = 0.011$$

式中具体数字说明 $\dfrac{\Delta V}{V}$ 误差较大，$\dfrac{\Delta \tau}{\tau}$ 可以忽略。因此流量项的分误差：

$$m_1 = 2\dfrac{\Delta V_s}{V_s} = 2 \times 0.011 \times 100\% = 2.2\%$$

没有超过每项分误差范围。

② d 的相对误差

要求：$5\dfrac{\Delta d}{d} \leqslant m$ 则 $\dfrac{\Delta d}{d} \leqslant \dfrac{m}{5}$，即 $\dfrac{\Delta d}{d} \leqslant \dfrac{2.6\%}{5} = 0.52\%$

由例 2-1 知道管径 d 由体积法进行间接测量。

$$V=\frac{\pi}{4}d^2h$$

$$d=\sqrt{\frac{V}{h}\times\frac{4}{\pi}}$$

已知管高度为 400mm，绝对误差 ±0.5mm。

为保险起见，仍采用几何合成法计算 d 的相对误差。

$$\frac{\Delta d}{d}=\frac{1}{2}\left(\frac{\Delta V}{V}+\frac{\Delta h}{h}\right)$$

由例 2-1 已计算出 $\frac{\Delta V}{V}$ 的相对误差为 0.18%

代入具体数值：

$$m_2=5\frac{\Delta d}{d}=\frac{5}{2}\left(\frac{\Delta V}{V}+\frac{\Delta h}{h}\times100\%\right)=\frac{5}{2}(0.18+\frac{0.5}{400}\times100\%)=0.8\%$$

也没有超过每项分误差范围。

③ 压差的相对误差：

单管式压差计用分度为 1mm 的尺子测量，系统误差可以忽略，读数随机绝对误差 ΔR 为 ±0.5mm。

$$\frac{\Delta R_1+\Delta R_2}{R_1-R_2}=\frac{2\Delta R_1}{R_1-R_2}=\frac{2\times0.5}{R_1-R_2}$$

压差测量值 R_1-R_2 与两测压点间的距离 l 成正比：

$$R_1-R_2=\frac{64}{Re}\cdot\frac{l}{d}\cdot\frac{u^2}{2g}=\frac{64}{2000}\cdot\frac{1}{0.006}\cdot\frac{\left(\frac{9.4\times10^{-6}}{0.785\times0.006^2}\right)^2}{2g}=0.031$$

式中　u——平均流速，m/s。

由上式可算出 l 的变化对压差相对误差的影响（见表 2-3）。

表 2-3　压差相对误差表

l/mm	(R_1-R_2)/mm	$\frac{2\Delta R_1}{R_1-R_2}\times100\%$
500	15	6.7
1000	30	3.3
1500	45	2.2
2000	60	1.6

由表中可见，选用 $l\geqslant1500$mm 可满足要求，若实验采用 $l=1500$mm 其相对误差为：

$$m_3=\frac{\Delta R_1+\Delta R_2}{R_1-R_2}=\frac{2\Delta R_1}{R_1-R_2}=\frac{2\times0.5}{0.03\times1500}\times100\%=2.2\%$$

总误差：

$$\mathrm{Er}(\lambda)=\frac{\Delta\lambda}{\lambda}=\pm\sqrt{m_1^2+m_2^2+m_3^2}=\pm\sqrt{(2.2)^2+(0.8)^2+(2.2)^2}$$
$$=\pm3.2\%$$

通过以上误差分析可知：

① 为实验装置中两测点间的距离 l 的选定提供了依据。

② 直径 d 的误差，因传递系数较大（等于 5），对总误差影响较大，但所选测量 d 的方

案合理，这项测量精确度高，对总误差影响反而下降了。

③ 现有的测量 V_s 误差显得过大，其误差主要来自体积测量，因而若改用精确度更高一级的量筒，则可以提高实验结果的精确度。

【例 2-5】 若 l 选用 1.796m，水温 20℃，$R_1-R_2=8.1$mm，测得出水量为 450mL 时，所需时间为 319s，当 $Re=300$ 时，所测 λ 的相对误差为多少？

解： 由例 2-4 知 $m_1=2.2\%$ $m_2=0.8\%$

$$m_3=\frac{2\Delta R_1}{R_1-R_2}=\frac{2\times 0.5}{8.1}\times 100\%=12.3\%$$

$$\mathrm{Er}(\lambda)=\pm\sqrt{m_1^2+m_2^2+m_3^2}=\pm\sqrt{2.2^2+0.8^2+12.3^2}=\pm 12.5\%$$

结果表明，由于压差下降，压差测量的相对误差上升，致使 λ 测量的相对误差增大。当 $Re=300$ 时，λ 的理论值为 $\frac{64}{Re}=0.213$，如果实验结果与此值有差异（例如 $\lambda=0.186$ 或 $\lambda=0.240$），并不一定说明 λ 的测量值与理论值不符，要看偏差多少。像括号中的这种偏差是测量精密度不高引起的，如果提高压差测量精度或者增加测量次数并取平均值，就有可能与理论值相符。以上例子充分说明了误差分析在实验中的重要作用。

六、思考题

1. 什么是误差？实验误差包括哪些？
2. 误差的表示方法有哪些？最常用的有哪几种表示方法？
3. 请举例说明误差分析在实验中的具体应用。

第三章 实验数据处理

由实验测得的大量数据，应进行进一步的数据处理。实验数据处理，就是以测量为手段，以研究对象的概念、状态为基础，以数学运算为工具，推断出某量值的真值，并导出某些具有规律性结论的整个过程。因此对实验数据进行处理，可使人们清楚地观察到各变量之间的定量关系，以便进一步分析实验现象，得出规律，指导生产与设计。

数据处理的方法有四种：列表法、图示法、数学方程表示法和回归分析法。

一、列表法

将实验数据列成表格以表示各变量间的关系，即将实验数据按自变量和因变量的关系，以一定的顺序列出数据表，即为列表法。列表法有许多优点，如为了不遗漏数据，原始数据记录表会给数据处理带来方便；列出数据使数据易比较；形式紧凑；同一表格内可以表示几个变量间的关系等。列表通常是整理数据的第一步，为标绘曲线图或整理成数学公式打下基础。

1. 实验数据表的分类

实验数据表一般分为三大类：原始数据记录表、中间计算数据表和最终结果表。以阻力实验测定层流 λ-Re 关系为例进行说明。

原始数据记录表是根据实验的具体内容而设计的，以记录所有待测数据。该表必须在实验前完成。层流阻力实验原始数据记录表如表 3-1 所示。

表 3-1　层流阻力实验原始数据记录表

实验装置编号：第＿＿套　管径＿＿m　管长＿＿m　平均水温＿＿℃　实验时间＿＿年＿＿月＿＿日

序号	流量计读数		流量 /(m³/s)	光滑管阻力/cm		粗糙管阻力/cm		局部阻力/cm	
				左	右	左	右	左	右
1 2 ⋮									

光滑管管径：　mm,粗糙管管径：　mm　长度：　m
水温：　℃,其他固定参数：……

运算表格有助于进行运算，不易混淆，如流体流动阻力的运算表格见表 3-2。

表 3-2　流体流动阻力的运算表

序号	流量 /(m³/s)	流速 /(m/s)	$Re \times 10^{-4}$	沿程阻力 /m	摩擦系数 $\lambda \times 10^2$	局部阻力 /m	阻力系数 ξ
1 2 ⋮							

实验最终结果表只表达主要变量之间的关系和实验的结论，见表 3-3。

表 3-3 实验最终结果表

序号	流体流动阻力实验结果表					
	粗糙管		光滑管		局部阻力	
	$Re \times 10^{-4}$	$\lambda \times 10^2$	$Re \times 10^{-4}$	$\lambda \times 10^2$	$Re \times 10^{-4}$	ξ
1						
2						
⋮						

2. 设计实验数据表应注意的事项

① 表格设计要力求简明扼要，一目了然，便于阅读和使用。记录、计算项目要满足实验需要，如原始数据记录表格上方要列出实验装置的几何参数以及平均水温等常数项。

② 表头列出物理量的名称、符号和计算单位。符号与计量单位之间用斜线"/"隔开。斜线不能重叠使用。计量单位不宜混在数字之中，造成分辨不清。

③ 注意有效数字位数，即记录的数字应与测量仪表的准确度相匹配，不可过多或过少。

④ 物理量的数值较大或较小时，要用科学记数法表示。以"物理量的符号$\times 10^{\pm n}$/计量单位"的形式记入表头。注意：表头中的$10^{\pm n}$与表中的数据应服从下式：

$$物理量的实际值 \times 10^{\pm n} = 表中数据$$

⑤ 为便于引用，每一个数据表都应在表的上方写明表号和表题（表名）。表号应按出现的顺序编写并在正文中有所交代。同一个表尽量不跨页，必须跨页时，在跨页的表上须注"续表×××"。

⑥ 数据书写要清楚整齐。修改时宜用单线将错误的划掉，将正确的写在下面。各种实验条件及做记录者的姓名可作为"表注"，写在表的下方。

⑦ 科学实验中，记录表格要正规，原始数据要书写清楚整齐，不得潦草，要记录各种实验条件，并妥为保管。

二、图示法

实验数据图示法就是将整理得到的实验数据或结果标绘成描述因变量和自变量的依从关系的曲线图。该法的优点是直观清晰，便于比较，容易看出数据中的极值点、转折点、周期性、变化率以及其他特性，准确的图形还可以在不知数学表达式的情况下进行微积分运算，因此得到广泛的应用。

实验曲线的标绘是实验数据整理的第二步，在工程实验中正确作图必须遵循如下基本原则，才能得到与实验点位置偏差最小而光滑的曲线图形。

1. 坐标纸的选择

(1) 坐标系 化工中常用的坐标系为直角坐标系、单对数坐标系和对数坐标系。单对数坐标系如图 3-1 所示，双对数坐标系如图 3-2 所示。

(2) 选用坐标纸的基本原则 化工实验中常遇到的函数有以下三种：

① 直线关系：$y = a + bx$，选用普通坐标纸。

② 幂函数关系 $y = ax^b$，选用对数坐标纸，因 $\lg y = \lg a + b \lg x$，在对数坐标纸上为一直线。在下列情况下，建议使用双对数坐标纸：a. 变量 x、y 在数值上均变化了几个数量级；b. 需要将曲线开始部分划分成展开的形式；c. 当需要变换某种非线性关系为线性关系时，例如幂函数。

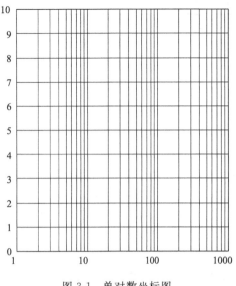

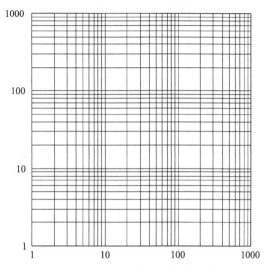

图 3-1　单对数坐标图　　　　　　　　　　　图 3-2　双对数坐标图

③ 指数函数关系：$y=a^{bx}$，选用单对数坐标纸，因 $\lg y$ 与 x 呈现直线关系。在下列情况下，建议使用单对数坐标纸：a. 变量之一在所研究的范围内发生了几个数量级的变化；b. 在自变量由零开始逐渐增大的初始阶段，当自变量的少许变化引起因变量极大变化时，采用单对数坐标可使曲线最大变化范围伸长，使图形轮廓清楚；c. 当需要变换某种非线性关系为线性关系时，可用单对数坐标。

此外，某变量最大值与最小值数量级相差很大时，或自变量 x 从零开始逐渐增加的初始阶段，x 少量增加会引起因变量极大变化，均可用对数坐标。

2. 坐标分度的确定

坐标分度指每条坐标轴所代表的物理量大小，即选择适当的坐标比例尺。

① 为了得到良好的图形，在 x、y 的误差 Δx、Δy 已知的情况下，比例尺的取法应使实验"点"的边长为 $2\Delta x$、$2\Delta y$（近似于正方形），而且使 $2\Delta x = 2\Delta y = 1 \sim 2\text{mm}$，若 $2\Delta x = 2\Delta y = 2\text{mm}$，则它们的比例尺应为：

$$M_y = \frac{2\text{mm}}{2\Delta y} = \frac{1}{\Delta y}\text{mm}/y \tag{3-1}$$

$$M_x = \frac{2\text{mm}}{2\Delta x} = \frac{1}{\Delta x}\text{mm}/x \tag{3-2}$$

如已知温度误差 $\Delta T = 0.05℃$，则

$$M_T = \frac{1\text{mm}}{0.05℃} = 20\text{mm}/℃$$

此时温度 1℃ 的坐标为 20mm 长，若感觉太大可取 $2\Delta x = 2\Delta y = 1\text{mm}$，此时 1℃ 的坐标为 10mm 长。

② 若测量数据的误差不知道，那么坐标的分度应与实验数据的有效数字大体相符，即最适合的分度是使实验曲线坐标读数和实验数据具有同样的有效数字位数。其次，横、纵坐标之间的比例不一定取得一致，应根据具体情况选择，使实验曲线的坡度介于 $30° \sim 60°$ 之间，这样的曲线坐标读数准确度较高。

③ 推荐使用坐标轴的比例常数 $M = (1、2、5) \times 10^{\pm n}$（$n$ 为正整数），而 3、6、7、8、9

等的比例常数绝不可选用，因为后者的比例常数不但引起图形的绘制和实验麻烦，也极易引出错误。

3. 图示法应注意的事项

① 对于两个变量的系统，习惯上选横轴为自变量，纵轴为因变量。在两轴侧要标明变量名称、符号和单位，如离心泵特性曲线的横轴须标明：流量 $Q/(\mathrm{m}^3/\mathrm{h})$。尤其是单位，初学者往往因受纯数学的影响而容易忽略。

② 坐标分度要适当，使变量的函数关系表现清楚。

对于直角坐标的原点不一定选为零点，应根据所标绘数据范围而定，其原点应移至比数据中最小者稍小一些的位置为宜，能使图形占满全幅坐标线为原则。

对于对数坐标，坐标轴刻度是按 1，2，…，10 的对数值大小划分的，其分度要遵循对数坐标的规律，当用坐标表示不同大小的数据时，只可将各值乘以 10^n（n 取正、负整数）而不能任意划分。对数坐标的原点不是零。在对数坐标上，1，10，100，1000 之间的实际距离是相同的，因为上述各数相应的对数值为 0，1，2，3，这在线性坐标上的距离相同。

③ 实验数据的标绘。若在同一张坐标纸上同时标绘几组测量值，则各组要用不同符号（如：○，△，×等）以示区别。若 n 组不同函数同绘在一张坐标纸上，则在曲线上要标明函数关系名称。

④ 图必须有图号和图题（图名），图号应按出现的顺序编写，并在正文中有所交代。必要时还应有图注。

⑤ 图线应光滑。利用曲线板等工具将各离散点连接成光滑曲线，并使曲线尽可能通过较多的实验点，或者使曲线以外的点尽可能位于曲线附近，并使曲线两侧的点数大致相等。

三、实验数据数学方程表示法

在实验研究中，除了用表格和图形描述变量间的关系外，还常常把实验数据整理成方程式，以描述过程或现象的自变量和因变量之间的关系，即建立过程的数学模型。在化工原理实验中，经常将获得的实验数据或所绘制的图形整理成方程式或经验关联式表示，以描述过程和现象及其变量间的函数关系。凡是自变量与因变量呈线性关系或允许进行线性化处理的场合，方程中的常数项均可用图解法求得。所得函数表达式是否能准确地反映实验数据所存在的关系，应通过检验加以确认。运用计算机将实验数据结果回归为数学方程已成为实验数据处理的主要手段。

1. 数学方程式的选择

数学方程式选择的原则是：既要求形式简单，所含常数较少，同时也希望能准确地表达实验数据之间的关系，但要满足两者条件往往难以做到，通常是在保证必要的准确度的前提下，尽可能选择简单的线性关系或者经过适当方法转换成线性关系的形式，使数据处理工作得到简单化。

数学方程式选择的方法是：将实验数据标绘在普通坐标纸上，得一直线或曲线。如果是直线，则根据初等数学可知，$y=a+bx$，其中 a、b 值可由直线的截距和斜率求得。如果不是直线，也就是说，y 和 x 不是线性关系，则可将实验曲线和典型的函数曲线相对照，选择与实验曲线相似的典型曲线函数，然后用直线化方法处理，最后以所选函数与实验数据的符合程度加以检验。

直线化方法就是将函数 $y=f(x)$ 转化成线性函数 $Y=a+bX$ 的方法。

常见函数的典型图形及线性化方法列于表 3-4。

表 3-4   化工中常见的曲线与函数式之间的关系

序号	图　　形	函数及线性化方法
(1)	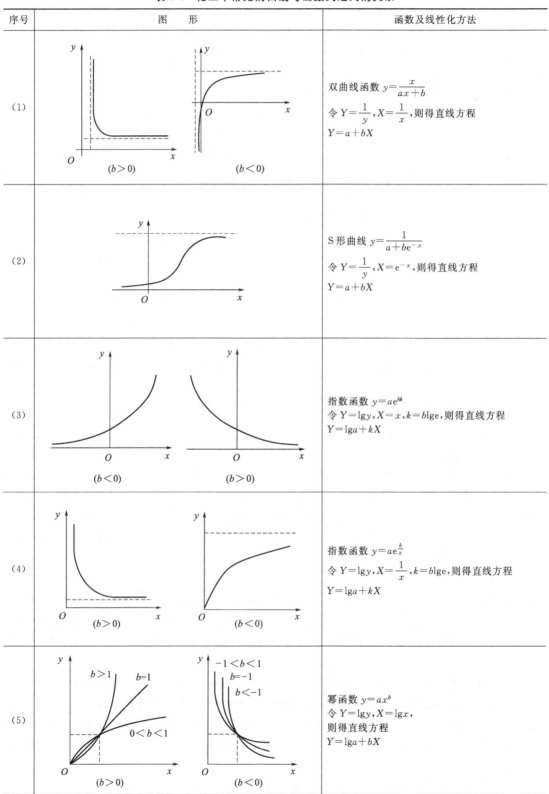	双曲线函数 $y=\dfrac{x}{ax+b}$ 令 $Y=\dfrac{1}{y}$，$X=\dfrac{1}{x}$，则得直线方程 $Y=a+bX$
(2)		S形曲线 $y=\dfrac{1}{a+b\mathrm{e}^{-x}}$ 令 $Y=\dfrac{1}{y}$，$X=\mathrm{e}^{-x}$，则得直线方程 $Y=a+bX$
(3)		指数函数 $y=a\mathrm{e}^{bk}$ 令 $Y=\lg y$，$X=x$，$k=b\lg\mathrm{e}$，则得直线方程 $Y=\lg a+kX$
(4)		指数函数 $y=a\mathrm{e}^{\frac{b}{x}}$ 令 $Y=\lg y$，$X=\dfrac{1}{x}$，$k=b\lg\mathrm{e}$，则得直线方程 $Y=\lg a+kX$
(5)		幂函数 $y=ax^{b}$ 令 $Y=\lg y$，$X=\lg x$， 则得直线方程 $Y=\lg a+bX$

续表

序号	图　　形	函数及线性化方法
（6）	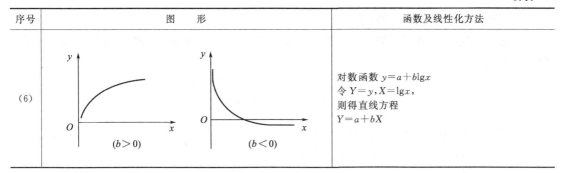 $(b>0)$　　　$(b<0)$	对数函数 $y=a+b\lg x$ 令 $Y=y,X=\lg x$， 则得直线方程 $Y=a+bX$

【例 3-1】　实验数据 y_i，x_i 见表 3-5，求经验式 $y=f(x)$。

表 3-5　实验数据表

x_i	1	2	3	4	5
y_i	0.5	2	4.5	8	12.54

解：将 y_i，x_i 标绘在直角坐标纸上得图 3-3(a)。

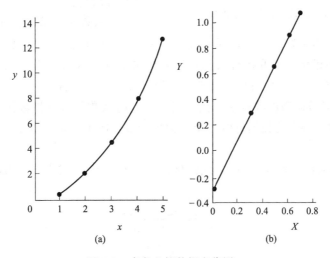

图 3-3　直角坐标数据点作图

由 y-x 曲线可见形如幂函数曲线，令

$$Y_i=\lg y_i,X_i=\lg x_i$$

计算得表 3-6：

表 3-6　实验数据计算结果表

X_i	0.000	0.301	0.477	0.602	0.699
Y_i	-0.301	0.301	0.653	0.903	1.097

将 Y_i，X_i 标绘于图 3-3(b)，得一直线：

截距　　　　　　　　　　　　$A=-0.301$

斜率　　　　　　　　$B=\dfrac{1.097-(-0.301)}{0.699-0}=2$

可得　　　　　　　　　　　$\lg y=-0.301+2\lg x$

即
$$y=10^{-0.301} \times X^2 = 0.5X^2$$

2. 图解法求公式中的常数

当公式选定后，可用图解法求方程式中的常数，本节以幂函数和指数函数、对数函数为例进行说明。

(1) 幂函数的线性图解　幂函数 $y=ax^b$ 经线性化后成为 $Y=\lg a+bX$。

① 系数 b 的求法。系数 b 即为直线的斜率，如图 3-4 所示的 AB 线的斜率。在对数坐标上求取斜率方法与直角坐标上的求法不同。因为在对数坐标上标度的数值是真数而不是对数，因此双对数坐标纸上直线的斜率需要用对数值来求算，或者在两坐标轴比例尺相同情况下直接用尺子在坐标纸上量取线段长度来求取。

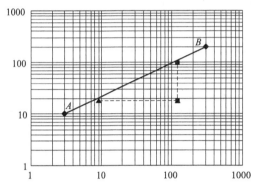

图 3-4　求取线段 AB 斜率示意图

$$b=\frac{\Delta y}{\Delta x}=\frac{\lg y_2-\lg y_1}{\lg x_2-\lg x_1} \tag{3-3}$$

式中，Δy 与 Δx 的数值即为尺子测量而得的线段长度。

② 系数 a 的求法。在双对数坐标上，直线 $x=1$ 处的纵轴相交处的 y 值，即为方程 $y=ax^b$ 中的 a 值。若所绘的直线在图面上不能与 $x=1$ 处的纵轴相交，则可在直线上任取一组数值 x 和 y（而不是取一组测定结果数据）和已求出的斜率 b，代入原方程 $y=ax^b$ 中，通过计算求得 a 值。

(2) 指数或对数函数的线性图解法　当所研究的函数关系呈指数函数 $y=ae^{bx}$ 或对数函数 $y=a+b\lg x$ 时，将实验数据标绘在单对数坐标纸上的图形是一直线。线性化方法见表 3-4 中的 (3) 和 (6)。

① 系数 b 的求法。对 $y=ae^{bx}$，线性化为 $Y=\lg a+kx$，式中 $k=b\lg e$，其纵轴为对数坐标，斜率为：

$$k=\frac{\lg y_2-\lg y_1}{x_2-x_1} \tag{3-4}$$

$$b=\frac{k}{\lg e} \tag{3-5}$$

对 $y=a+b\lg x$，横轴为对数坐标，斜率为：

$$b=\frac{y_2-y_1}{\lg x_2-\lg x_1} \tag{3-6}$$

② 系数 a 的求法。系数 a 的求法与幂函数中所述方法基本相同，可用直线上任一点处的坐标值和已经求出的系数 b 代入函数关系式后求解。

(3) 二元线性方程的图解　若实验研究中，所研究对象的物理量是一个因变量与两个自变量，它们必呈线性关系，则可采用以下函数式表示：

$$y=a+bx_1cx_2 \tag{3-7}$$

在图解此类函数式时，应首先令其中一自变量恒定不变，例如使 x_1 为常数，则上式可改写成：

$$y=d+cx_2 \tag{3-8}$$

式中：
$$d=a+bx_1=常数$$

由 y 与 x_2 的数据叫在直角坐标中标绘出一条直线，如图 3-5(a) 所示。采用上述图解法即可确定 x_2 的系数 c。

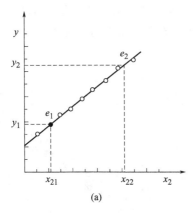 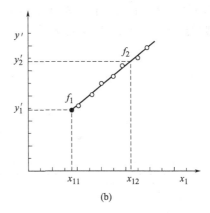

(a)　　　　　　　　　　　　　　　(b)

图 3-5　二元线性方程图解示意

在图 3-5(a) 中直线上任取两点 $e_1(x_{21}$，$y_1)$，$e_2(x_{22}, y_2)$，则有：

$$c = \frac{y_2 - y_1}{x_{22} - x_{21}} \tag{3-9}$$

当 c 求得后，将其代入式(3-7) 中，并将式(3-7) 重新改写成以下形式：

$$y - cx_2 = a + bx_1 \tag{3-10}$$

令 $y' = y - cx_2$ 于是可得一新的线性方程：

$$y' = a + bx_1 \tag{3-11}$$

由实验数据 y，x_2 和 c 计算得 y'，由 y' 与 x_1 在图 3-5(b) 中标绘其直线，并在该直线上任取 $f_1(x_{11}$，$y_1')$ 及 $f_2(x_{12}, y_2')$ 两点。由 f_1，f_2 两点即可确定 a、b 两个常数。

$$b = \frac{y_2' - y_1'}{x_{12} - x_{11}} \tag{3-12}$$

$$a = \frac{y_1' x_{12} - y_2' x_{11}}{x_{12} - x_{11}} \tag{3-13}$$

应该指出的是，在确定 b、a 时，其自变量 x_1，x_2 应同时改变，才能使其结果覆盖整个实验范围。

舍伍德（Sherwood）利用七种不同流体对流过圆形直管的强制对流传热进行研究，并取得大量数据，采用幂函数形式进行处理，其函数形式为：

$$Nu = BRe^m Pr^n \tag{3-14}$$

式中 Nu 随 Re 及 Pr 数而变化，将上式两边取对数，采用变量代换，使之化为二元线性方程形式：

$$\lg Nu = \lg B + m\lg Re + n\lg Pr \tag{3-15}$$

令 $y = \lg Nu$；$x_1 = \lg Re$；$x_2 = \lg Pr$；$a = \lg B$，上式即可表示为二元线性方程式：

$$y = a + mx_1 + nx_2 \tag{3-16}$$

现将式(3-15) 改写为以下形式，确定常数 n（固定变量 Re 值，使 $Re = \text{const}$，自变量减少一个）。

$$\lg Nu = (\lg B + m\lg Re) + n\lg Pr \tag{3-17}$$

舍伍德固定 $Re = 10^4$，将七种不同流体的实验数据在双对数坐标纸上标绘 Nu 和 Pr 之间的关系如图 3-6(a)。实验表明，不同 Pr 数的实验结果，基本上是一条直线，用这条直线

决定 Pr 准数的指数 n，然后在不同 Pr 数及不同 Re 数下实验，按下式图解法求解：

$$\lg(Nu/Pr^n)=\lg B+m\lg Re \tag{3-18}$$

以 Nu/Pr^n 对 Re 数，在双对数坐标纸上作图，标绘出一条直线如图 3-6(b) 所示。由这条直线的斜率和截距决定 B 和 m 值。这样，经验公式中的所有待定常数 B、m 和 n 均被确定。

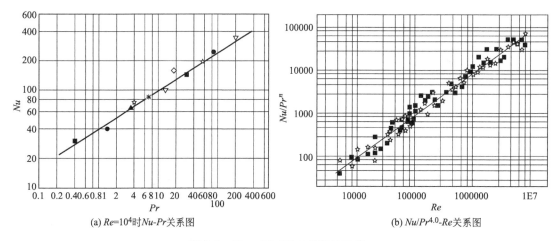

(a) $Re=10^4$ 时 Nu-Pr 关系图　　　　　(b) $Nu/Pr^{4.0}$-Re 关系图

图 3-6　$Nu=BRe^mPr^n$ 图解法示意

■ 空气　● 水　▲ 丙酮　☆ 苯　✳ 煤油　▽ 正丁醇　◇ 石油

3. 联立方程法求公式中的常数

此法又称"平均值法"，仅适用于实验数据精度很高的条件下，即实验点与理想曲线偏离较小，否则所得函数将毫无意义。

平均值法定义为：

选择能使其同各测定值的偏差的代数和为零的那条曲线为理想曲线。具体步骤是：

① 选择适宜的经验公式：$y=f(x)$。

② 建立求待定常数和系数的方程组。

现假定画出的理想曲线为直线，其方程为 $y=a+bx$，设测定值为 x_i、y_i，将 x_i 代入上式，所得的 y 值为 y_i'，即 $y_i'=a+bx_i$，而 $y_i=a+bx_i$，所以应该是 $y_i'=y_i$。然而，一般由于测量误差，实测点偏离直线，使 $y_i'\neq y_i$。若设 y_i 和 y_i' 的偏差为 Δ_i，则

$$\Delta_i=y_i-y_i'=y_i-(a+bx) \tag{3-19}$$

最好能引一使这个偏差值的总和为零的直线，设测定值的个数为 N，由下式

$$\sum\Delta_i=\sum y_i-Na-b\sum x_i=0 \tag{3-20}$$

定出 a、b，则以 a、b 为常数和系数的直线即为所求的理想直线。

由于式(3-20)含有两个未知数 a 和 b，所以需将测定值按实验数据的次序分成相等或近似相等的两组，分别建立相应的方程式，然后联立方程，解之即得 a、b。

【例 3-2】　以转子流量计标定时得到的读数与流量关系为例，求实验方程。

表 3-7　实验数据表

读数 x	0	2	4	6	8	10	12	14	16
流量 y/(m³/h)	30.00	31.25	32.58	33.71	35.01	36.20	37.31	38.79	40.04

解： 把表 3-7 数据分成 A、B 两组，前面 5 对 x、y 为 A 组，后面 4 对 x、y 为 B 组。

$(\sum x)_A = 0+2+4+6+8 = 20$

$(\sum y)_A = 30.00+31.25+32.58+33.71+35.01 = 162.55$

$(\sum x)_B = 10+12+14+16 = 52$

$(\sum y)_B = 36.20+37.31+38.79+40.04 = 152.34$

把这些数值代入式(3-20)

$$\begin{cases} 162.55 - 5a - 20b = 0 \\ 152.34 - 5a - 52b = 0 \end{cases}$$

联立求解得　　$a = 30.0$　　　$b = 0.620$

所求直线方程为：$y = 30.0 + 0.620x$

平均值法在实验数据精度不高的情况下不可使用，比较准确的方法是采用最小二乘法。

四、实验数据的回归分析法

介绍了用图解法获得经验公式的过程。尽管图解法有很多优点，但它的应用范围毕竟很有限。目前在寻求实验数据的变量关系间的数学模型时，应用最广泛的一种数学方法，即回归分析法。用这种数学方法可以从大量观测的散点数据中寻找到能反映事物内部的一些统计规律，并可以用数学模型形式表达出来。回归分析法与计算机相结合，已成为确定经验公式最有效的手段之一。

化工实验中，由于存在实验误差与某种不确定因素的干扰，所得数据往往不能用一根光滑曲线或直线来表达，即实验点随机地分布在一直线或曲线附近，要找出这些实验数据中所包含的规律性即变量之间的定量关系式，而使之尽可能符合实验数据，可用回归分析这一数理统计的方法。处理实验问题时，往往将非线性问题转化为线性来处理。建立线性回归方程的最有效方法为线性最小二乘法，以下主要讨论用最小二乘法回归一元线性方程。

1. 一元线性回归方程的求法

在科学实验的数据统计方法中，通常要从获得的实验数据 $(x_i, y_i, i=1, 2, \cdots, n)$ 中，寻找其自变量 x_i 与因变量 y_i 之间函数关系 $y=f(x)$。由于实验测定数据一般都存在误差，因此，不能要求所有的实验点均在 $y=f(x)$ 所表示的曲线上，只需满足实验点 (x_i, y_i) 与 $f(x_i)$ 的残差 $d_i = y_i - f(x_i)$ 小于给定的误差即可。此类寻求实验数据关系近似函数表达式 $y=f(x)$ 的问题称之为曲线拟合。

曲线拟合首先应针对实验数据的特点，选择适宜的函数形式，确定拟合时的目标函数。例如在取得两个变量的实验数据之后，若在普通直角坐标纸上标出各个数据点，如果各点的分布近似于一条直线，则可考虑采用线性回归求其表达式。

设给定 n 个实验点 (x_1, y_1), (x_2, y_2), $\cdots$, $x_n, y_n)$，其离散点图如图 3-7 所示。于是可以利用一条直线来代表它们之间的关系

$$y' = a + bx \tag{3-21}$$

式中　y'——由回归式算出的值，称回归值；

a, b——回归系数。

对每一测量值 x_i 可由式(3-21)求出一回归值 y'。回归值 y' 与实测值 y_i 之差的绝对值 $d_i = |y_i - y_i'| = |y_i - (a+bx_i)|$ 表明 y_i 与回归直线的偏离程度。两者偏离程度愈小，说明直线与实验数据点拟合愈好。$|y_i - y_i'|$ 值代表点 (x_i, y_i)，沿平行于 y 轴方向到回归直线的距离，如图 3-8 上各竖直线 d_i 所示。

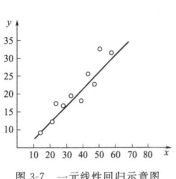

图 3-7　一元线性回归示意图

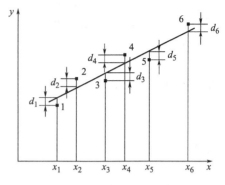

图 3-8　实验曲线示意图

曲线拟合时应确定拟合时的目标函数。选择残差平方和为目标函数的处理方法即为最小二乘法。此法是寻求实验数据近似函数表达式的更为严格有效的方法。定义为：最理想的曲线就是能使各点同曲线的残差平方和为最小。

设残差平方和 Q 为：

$$Q = \sum_{i=1}^{n} d_i^2 = \sum_{i=1}^{n} [y_i - (a + bx_i)]^2 \tag{3-22}$$

其中 x_i、y_i 是已知值，故 Q 为 ab 的函数，为使 Q 值达到最小，根据数学上极值原理，只要将式 (3-22) 分别对 a 和 b 求偏导数 $\dfrac{\partial Q}{\partial a}$，$\dfrac{\partial Q}{\partial b}$，并令其等于零即可求 a 和 b 之值，这就是最小二乘法原理。即

$$\begin{cases} \dfrac{\partial Q}{\partial a} = -2 \sum_{i=1}^{n} (y_i - a - bx_i) = 0 \\ \dfrac{\partial Q}{\partial b} = -2 \sum_{i=1}^{n} (y_i - a - bx_i) x_i = 0 \end{cases} \tag{3-23}$$

由式 (3-23) 可得正规方程：

$$\begin{cases} a + \bar{x} b = \bar{y} \\ n\bar{x} a + \left(\sum_{i=1}^{n} x_i^2 \right) b = \sum_{i=1}^{n} x_i y_i \end{cases} \tag{3-24}$$

式中

$$\bar{x} = \frac{1}{n} \sum_{i=1}^{n} x_i \qquad \bar{y} = \frac{1}{n} \sum_{i=1}^{n} y_i \tag{3-25}$$

解正规方程 (3-24)，可得到回归式中的 a（截距）和 b（斜率）

$$b = \frac{\sum (x_i \cdot y_i) - n\bar{x}\bar{y}}{\sum x_i^2 - n(\bar{x})^2} \tag{3-26}$$

$$a = \bar{y} - b\bar{x} \tag{3-27}$$

【例 3-3】 仍以转子流量计标定时得到的读数与流量关系为例，用最小二乘法求实验方程。

解： $\sum(x_i y_i) = 2668.58 \qquad \bar{x} = 8 \qquad \bar{y} = 34.9878 \qquad \sum x_i^2 = 816$

$$b = \frac{\sum (x_i \cdot y_i) - n\bar{x}\bar{y}}{\sum x_i^2 - n(\bar{x})^2} = \frac{2668.58 - 9 \times 8 \times 34.9878}{816 - 9 \times 8^2} = 0.623$$

$$a = \bar{y} - b\bar{x} = 34.9878 - 0.623 \times 8 = 30.0$$

故回归方程为：$y=30.0+0.623x$

2. 多元线性回归方程的求法

在化工实验中，影响因变量的因素往往有多个，即

$$y=f(x_1,x_2,\cdots,x_n) \tag{3-28}$$

如果 y 与 x_1，x_2，$\cdots$，x_n 之间的关系是线性的，则其数学模型为：

$$y=b_0+b_1x_1+b_2x_2+\cdots+b_nx_n \tag{3-29}$$

多元线性回归的任务是根据实验数据 y_i，x_{ij}（$i=1$，2，$\cdots$，n；$j=1$，2，$\cdots$，m），求出适当的 b_0，b_1，$\cdots$，b_n 使回归方程与实验数据符合。

其原理同一元线性回归一样，使 y 与实验值 y_j 的偏差平方和 Q 最小：

$$Q=\sum_{j=1}^{m}(y_j-\hat{y}_i)^2\sum_{j=1}^{m}(y_j-b_0-b_1x_{1j}-b_2x_{2j}-\cdots-b_nx_{nj})^2 \tag{3-30}$$

令

$$\frac{\partial Q}{\partial b_i}=0$$

即

$$\frac{\partial Q}{\partial b_0}=-2\sum_{j=1}^{m}(y_j-b_0-b_1x_{1j}-\cdots-b_nx_{nj})=0$$

$$\frac{\partial Q}{\partial b_1}=-2\sum_{j=1}^{m}(y_j-b_0-b_1x_{1j}-\cdots-b_nx_{nj})x_{1j}=0$$

$$\frac{\partial Q}{\partial b_2}=-2\sum_{j=1}^{m}(y_j-b_0-b_1x_{1j}-\cdots-b_nx_{nj})x_{2j}=0 \tag{3-31}$$

$$\frac{\partial Q}{\partial b_n}=-2\sum_{j=1}^{m}(y_j-b_0-b_1x_{1j}-\cdots-b_nx_{nj})x_{nj}=0$$

由此得正规方程 $\sum_{j=1}^{m}$ 简化作 $\sum$

$$\begin{cases} mb_0+b_1\sum x_{1j}+b_2\sum x_{2j}+\cdots+b_n\sum x_{nj}=\sum y_j \\ b_0\sum x_{1j}+b_1\sum x_{1j}^2+b_2\sum x_{1j}x_{2j}+\cdots+b_n\sum x_1jx_{nj}=\sum y_jx_{1j} \\ b_0\sum x_{2j}+b_1\sum x_{1j}x_{2j}+b_2\sum x_{2j}^2+\cdots+b_n\sum x_{2j}x_{nj}=\sum y_jx_{2j} \\ \cdots \\ b_0\sum x_{nj}+b_1\sum x_{1j}x_{nj}+b_2\sum x_{2j}x_{nj}+\cdots+b_n\sum x_{nj}^2=\sum y_jx_{nj} \end{cases} \tag{3-32}$$

可表示为矩阵形式：

$$\begin{bmatrix} m & \sum x_{1j} & \sum x_{2j} & \cdots & \sum x_{nj} \\ \sum x_{1j} & \sum x_{1j}^2 & \sum x_{1j}x_{2j} & \cdots & \sum x_{1j}x_{nj} \\ \sum x_{2j} & \sum x_{1j}x_{2j} & \sum x_{2j}^2 & \cdots & \sum x_{2j}x_{nj} \\ \cdots & \cdots & \cdots & \cdots & \cdots \\ \sum x_{nj} & \sum x_{ij}x_{nj} & \sum x_{2j}x_{nj} & \cdots & \sum x_{nj}^2 \end{bmatrix} \begin{bmatrix} b_0 \\ b_1 \\ b_2 \\ \vdots \\ b_n \end{bmatrix} = \begin{bmatrix} \sum y_i \\ \sum y_ix_{1j} \\ \sum y_ix_{2j} \\ \vdots \\ \sum y_jx_{nj} \end{bmatrix} \tag{3-33}$$

用高斯消去法或其他方法可解得待定参数 b_0，b_1，$\cdots$，b_n。系数矩阵中的 n 值为 y_j 值的个数。

以上方法一般用计算机计算，除非自变量及实验数据较少，才用手算。

3. 回归效果的检验

实验数据变量之间的关系具有不确定性，一个变量的每一个值对应的是整个集合值。当 x 改变时，y 的分布也以一定的方式改变。在这种情况下，变量 x 和 y 间的关系就称为相关关系。

在以上求回归方程的计算过程中，并不需要事先假定两个变量之间一定有某种相关关系。就方法本身而论，即使平面图上是一群完全杂乱无章的离散点，也能用最小二乘法给其配一条直线来表示 x 和 y 之间的关系。但显然这是毫无意义的。实际上只有两变量是线性关系时进行线性回归才有意义。因此，必须对回归效果进行检验。

（1）相关系数　我们可引入相关系数 r 对回归效果进行检验，相关系数 r 是说明两个变量线性关系密切程度的一个数量性指标。

若回归所得线性方程为：$y' = a + bx$

则相关系数 r 的计算式为（推导过程略）：

$$r = \frac{\sum(x_i - \bar{x})(y_i - \bar{y})}{\sqrt{\sum(x_i - \bar{x})^2 \sum(y_i - \bar{y})^2}} \tag{3-34}$$

r 的变化范围为 $-1 \leqslant r \leqslant 1$，其正、负号取决于 $\sum(x_i - \bar{x})(y_i - \bar{y})$，与回归直线方程的斜率 b 一致。r 的几何意义可用图 3-9 来说明。

当 $r = \pm 1$ 时，即 n 组实验值 (x_i, y_i)，全部落在直线 $y = a + bx$ 上，此时称完全相关，如图 3-9(d) 和（e）。

当 $0 < |r| < 1$ 时，代表绝大多数的情况，这时 x 与 y 存在着一定线性关系。当 $r > 0$ 时，散点图的分布是 y 随 x 增加而增加，此时称 x 与 y 正相关，如图 3-9(b)。当 $r > 0$ 时，散点图的分布是 y 随 x 增加而减少，此时称 x 与 y 负相关，如图 3-9(c)。$|r|$ 越小，散点离回归线越远，越分散。当 $|r|$ 越接近 1 时，即 n 组实验值 (x_i, y_i) 越靠近 $y = a + bx$，变量与 x 之间的关系越接近于线性关系。

当 $r = 0$ 时，变量之间就完全没有线性关系了，如图 3-9(a)。应该指出，没有线性关系，并不等于不存在其他函数关系，如图 3-9(f)。

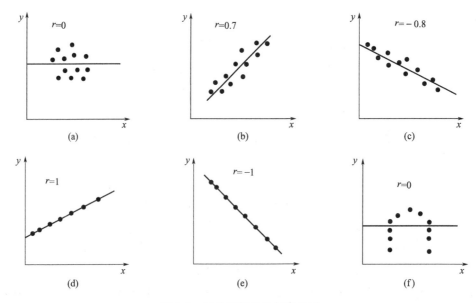

图 3-9　相关系数的几何意义图

（2）显著性检验　如上所述，相关系数 r 的绝对值愈接近 1，x、y 间愈线性相关。但究竟 $|r|$ 接近到什么程度才能说明 x 与 y 之间存在线性相关关系呢？这就有必要对相关系数进行显著性检验。只有当 $|r|$ 达到一定程度才可以采用回归直线来近似地表示 x、y 之间的关系，此时可以说明相关关系显著。一般来说，相关系数 r 达到使相关显著的值与实验数据的

个数 n 有关。因此只有 $|r| > r_{min}$ 时，才能采用线性回归方程来描述其变量之间的关系。r_{min} 值可以从表 3-8 中查出。利用该表可根据实验点个数 n 及显著水平系数 α 查出相应的 r_{min}。显著水平系数 α 一般可取 1% 或 5%。在转子流量计标定一例中，$n=9$ 则 $n-2=7$，查表 3-8 得：

$\alpha=0.01$ 时，$r_{min}=0.798$；$\alpha=0.05$ 时，$r_{min}=0.666$。

表 3-8　相关系数检验表

序号	α 0.05	0.01	序号	α 0.05	0.01
1	0.997	1.000	21	0.413	0.526
2	0.950	0.990	22	0.404	0.515
3	0.878	0.959	23	0.396	0.505
4	0.811	0.917	24	0.388	0.496
5	0.754	0.874	25	0.381	0.487
6	0.707	0.834	26	0.374	0.478
7	0.666	0.798	27	0.367	0.470
8	0.632	0.765	28	0.361	0.463
9	0.602	0.735	29	0.355	0.456
10	0.576	0.708	30	0.349	0.449
11	0.553	0.684	35	0.325	0.418
12	0.532	0.661	40	0.304	0.393
13	0.514	0.641	45	0.288	0.272
14	0.497	0.623	50	0.273	0.354
15	0.482	0.606	60	0.250	0.325
16	0.468	0.590	70	0.232	0.302
17	0.456	0.575	80	0.217	0.283
18	0.444	0.561	90	0.205	0.267
19	0.433	0.549	100	0.195	0.254
20	0.423	0.537	200	0.138	0.181

若实际的 $|r| \geqslant 0.798$，则说明该线性相关关系在 $\alpha=0.01$ 水平上显著。当 $0.789 \geqslant |r| \geqslant 0.666$ 时，则说明该线性相关关系在 $\alpha=0.05$ 水平上显著。当实验的 $|r| \leqslant 0.666$，则说明相关关系不显著，此时认为 x、y 线性不相关，配回归直线毫无意义。α 越小，显著程度越高。

【例 3-4】　求转子流量计标定实验的实际相关系数 r。

解：$\bar{x}=8$　　$\bar{y}=34.9878$

$\sum (x_i - \bar{x})(y_i - \bar{y}) = 149.46$

$\sum (x_i - \bar{x})^2 = 240$　　　　$\sum (y_i - \bar{y})^2 = 93.12$

$$r = \frac{\sum (x_i - \bar{x})(y_i - \bar{y})}{\sqrt{\sum (x_i - \bar{x})^2 \sum (y_i - \bar{y})^2}} = \frac{149.46}{\sqrt{240 \times 93.12}} = 0.99976 \geqslant 0.798$$

说明此例的相关系数在 $\alpha=0.01$ 的水平仍然是高度显著的。

五、思考题

1. 实验数据处理常用的有哪几种方法？各具有什么特点？

2. 请举例说明数学方程法和回归分析法的异同点？

第四章　化工原理基本实验

通过化工原理理论课的学习，大家都已经对化工单元操作的基本理论知识有了一定程度的理解，但是对实际工厂的各种单元设备还处于理论认识阶段，本章将对化工厂的基本单元操作进行介绍，使同学了解化工生产中管道的流体的流动状态、常用的流体输送机械、板框式过滤机、换热器和干燥器等基本设备的基本结构、工作原理及操作特性，巩固和加深理解基本单元操作的基本知识、基本理论，掌握传热过程的操作要领和方法，根据生产工艺要求，合理控制工艺指标，使各设备在高效率下可靠运行，并能对设备的开车、停车、事故处理等进行熟练操作。通过本章的学习，帮助同学树立工程观念，培养学生严谨的科学态度。

实验一　雷诺实验

一、实验目的

1. 观察流体在管内流动的两种不同流型。
2. 测定临界雷诺数 Re_c。
3. 观测流动形态与雷诺数 Re 的关系。

二、基本原理

流体流动有两种不同形态，即层流（或称滞流，Laminar flow）和湍流（或称紊流，Turbulent flow），这一现象最早由雷诺（Reynolds）于 1883 年首先发现的。流体做层流流动时，其流体质点做平行于管轴的直线运动，且在径向无脉动；流体做湍流流动时，其流体质点除沿管轴方向做向前运动外，还在径向做脉动，从而在宏观上显示出紊乱地向各个方向做不规则的运动。

流体流动形态可用雷诺准数（Re）来判断，这是一个由各影响变量组合而成的无因次数群，数群中各物理量必须采用同一单位制。若流体在圆管内流动，则雷诺数可用下式表示：

$$Re = \frac{du\rho}{\mu} \tag{4-1}$$

式中　Re——雷诺数，无量纲；

d——管子内径，m；

u——流体在管内的平均流速，m/s；

ρ——流体密度，kg/m³；

μ——流体黏度，Pa·s。

层流转变为湍流时的雷诺数称为临界雷诺数，用 Re_c 表示。工程上一般认为，流体在直圆管内流动时，当 $Re \leqslant 2000$ 时为层流；当 $Re > 4000$ 时，圆管内已形成湍流；当 Re 在 2000 至 4000 范围内，流动处于一种过渡状态，可能是层流，也可能是湍流，或者是二者交替出现，这要视外界干扰而定，一般称这一 Re 数范围为过渡区。

式(4-1)表明，对于一定温度的流体，在特定的圆管内流动，雷诺数仅与流体流速有关。本实验即是通过改变流体在管内的速度，观察在不同雷诺准数下流体的流动形态。

三、实验装置及流程

实验装置如图 4-1 所示。主要由玻璃试验导管、流量计、流量调节阀、低位贮水槽、循环水泵、稳压溢流水槽等部分组成。

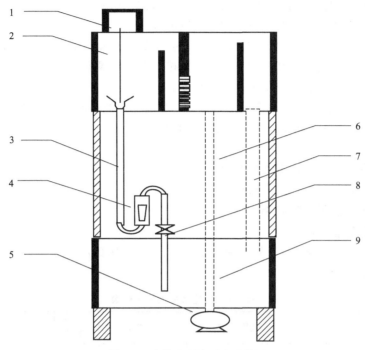

图 4-1　流体流型演示实验装置

1—红墨水储槽；2—溢流稳压槽；3—实验管；4—转子流量计；

5—循环泵；6—上水管；7—溢流回水管；8—调节阀；9—储水槽

实验前，先将水充满低位贮水槽，关闭流量计后的调节阀，然后启动循环水泵。待水充满稳压溢流水槽后，开启流量计后的调节阀。水由稳压溢流水槽流经缓冲槽、实验导管和流量计，最后流回低位贮水槽。水流量的大小，可由流量计和调节阀调节。

示踪剂采用红色墨水，它由红墨水贮槽经连接管和细孔喷嘴，注入实验导管。细孔玻璃注射管（或注射针头）位于实验导管入口的轴线部位。

注意：实验用的水应清洁，红墨水的密度应与水相当，装置要放置平稳，避免振动。

四、实验步骤与注意事项

1. 实验步骤

（1）测记本实验的有关常数：管径 d、水温 t、密度 ρ、黏度 μ。

（2）观察两种流态

① 层流流动形态。实验时，先少许开启调节阀，将流速调至所需要的值。再调节红墨水贮瓶的下口旋塞，并做精细调节，使红墨水的注入流速与实验导管中主体流体的流速相适应，一般略低于主体流体的流速为宜。待流动稳定后，记录主体流体的流量。此时，在实验导管的轴线上，就可观察到一条平直的红色细流，好像一根拉直的红线一样。

② 湍流流动形态。缓慢地加大调节阀的开度，使水流量平稳地增大，玻璃导管内的流速也随之平稳地增大。此时可观察到，玻璃导管轴线上呈直线流动的红色细流，开始发生波动。随着流速的增大，红色细流的波动程度也随之增大，最后断裂成一段段的红色细流。当流速继续增大时，红墨水进入实验导管后立即呈烟雾状分散在整个导管内，进而迅速与主体

水流混为一体，使整个管内流体染为红色，以致无法辨别红墨水的流线。

（3）测定下临界雷诺数

① 将调节阀打开，使管中呈完全紊流，再逐步关小调节阀使流量减小。当流量调节到使红颜色墨水在全管刚呈现出一稳定直线，即为下临界状态。

② 待管中出现临界状态时，根据体积法测定流量。

③ 根据所测流量计算下临界雷诺数，并与公认值（2000）比较，偏离过大，需重测。

④ 重新打开调节阀，使其形成完全紊流，按照上述步骤重复测量不少于三次。

⑤ 同时根据显示的温度查出水的运动黏度。

（4）测定上临界雷诺数　逐渐开启调节阀，使管中水流由层流过渡到紊流，当色水线刚开始散开时，即为上临界状态，测定上临界雷诺数 1～2 次。

2. 注意事项

① 每调节阀门一次，均需等待几分钟。

② 关小阀门的过程中，只许渐小。

五、实验数据处理与分析

1. 记录、计算有关常数：

管径 d＝14mm，水温 t＝　　℃，密度 ρ　　kg/m³，黏度 μ＝　　cm²/s。

2. 整理、记录计算表（表 4-1）

表 4-1　实验数据原始记录表

实验次序	颜色水线形态	流量/(m³/s)	雷诺数 Re	阀门开度 增(↑)或减(↓)	备 注

实测下临界雷诺数（平均值）$\overline{Re}$＝

注：颜色水形态指稳定直线，稳定略弯曲，直线摆动，直线抖动，断续，完全散开等。

六、思考题

1. 影响流动形态的因素有哪些？

2. 用本实验装置还能观察到哪些流体流动现象？

3. 试结合紊动机理实验的观察，分析由层流过渡到紊流的机理？

4. 分析层流和紊流在运动学特性和动力学特性方面各有何差异？

5. 流体流动类型在化工过程中有什么意义？

实验二　离心泵特性曲线测定实验

一、实验目的

1. 了解离心泵结构与特性，熟悉离心泵的使用。

2. 掌握离心泵特性曲线测定方法，确定泵的最佳工作范围。

3. 了解电动调节阀的工作原理和使用方法。

4. 掌握手动和自动操作方法。

二、基本原理

离心泵的特性曲线是选择和使用离心泵的重要依据之一，其特性曲线是在恒定转速下泵的扬程 H、轴功率 N 及效率 η 与泵的流量 Q 之间的关系曲线，它是流体在泵内流动规律的宏观表现形式。由于泵内部流动情况复杂，不能用理论方法推导出泵的特性关系曲线，只能依靠实验测定。

1. 扬程 H 的测定与计算

取离心泵进口真空表和出口压力表处为 1、2 两截面，列机械能衡算方程：

$$z_1 + \frac{p_1}{\rho g} + \frac{u_1^2}{2g} + H = z_2 + \frac{p_2}{\rho g} + \frac{u_2^2}{2g} + \Sigma h_f \tag{4-2}$$

由于两截面间的管长较短，通常可忽略阻力项 Σh_f，速度平方差也很小故可忽略，则有

$$H = (z_2 - z_1) + \frac{p_2 - p_1}{\rho g}$$
$$= H_0 + H_2 + H_1 \text{（表值）} \tag{4-3}$$

式中　H_0——泵出口和进口间的位差，$H_0 = z_2 - z_1$，m；

　　ρ——流体密度，kg/m^3；

　　g——重力加速度 m/s^2；

　p_1、p_2——分别为泵进、出口的真空度和表压，Pa；

　H_1、H_2——分别为泵进、出口的真空度和表压对应的压头，m；

　u_1、u_2——分别为泵进、出口的流速，m/s；

　z_1、z_2——分别为真空表、压力表的安装高度，m。

由上式可知，只要直接读出真空表和压力表上的数值，及两表的安装高度差，就可计算出泵的扬程。

2. 轴功率 N（W）的测量与计算

$$N = N_{电} k \tag{4-4}$$

式中，$N_{电}$ 为电功率表显示值，k 代表电机传动效率，可取 $k = 0.95$。

3. 效率 η 的计算

泵的效率 η 是泵的有效功率 N_e 与轴功率 N 的比值。有效功率 N_e 是单位时间内流体经过泵时所获得的实际功，轴功率 N 是单位时间内泵轴从电机得到的功，两者差异反映了水力损失、容积损失和机械损失的大小。

泵的有效功率 N_e 可用下式计算：

$$N_e = HQ\rho g \tag{4-5}$$

故泵效率为

$$\eta = \frac{HQ\rho g}{N} \times 100\% \tag{4-6}$$

4. 转速改变时的换算

泵的特性曲线是在恒定转速下的实验测定所得。但是，实际上感应电动机在转矩改变时，其转速会有变化，这样随着流量 Q 的变化，多个实验点的转速 n 将有所差异，因此在绘制特性曲线之前，须将实测数据换算为某一恒定转速 n' 下（可取离心泵的额定转速）的数据。换算关系如下：

流量　　　　　　　　　　　$$Q' = Q\frac{n'}{n} \tag{4-7}$$

扬程 $$H' = H\left(\frac{n'}{n}\right)^2 \tag{4-8}$$

轴功率 $$N' = N\left(\frac{n'}{n}\right)^3 \tag{4-9}$$

效率 $$\eta' = \frac{Q'H'\rho g}{N'} = \frac{QH\rho g}{N} = \eta \tag{4-10}$$

三、实验装置与流程

离心泵特性曲线测定装置流程图如图 4-2、图 4-3 所示。

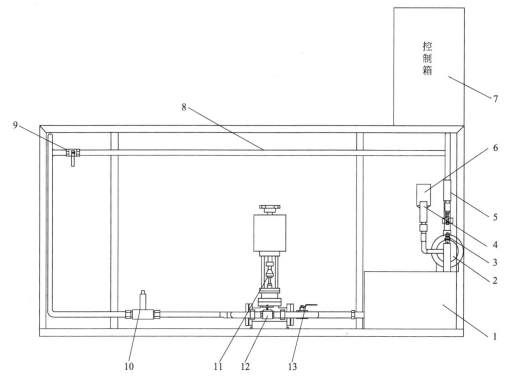

图 4-2 实验装置流程示意图（一）

1—水箱；2—离心泵；3—铂热电阻（测量水温）；4—泵进口压力传感器；5—泵出口压力传感器；

6—灌泵口；7—电器控制柜；8—离心泵实验管路（光滑管）；9—离心泵的管路阀；

10—涡轮流量计；11—电动调节阀；12—旁路闸阀；13—离心泵实验电动调节阀管路球阀

四、实验步骤及注意事项

1. 实验步骤

① 清洗水箱，并加装实验用纯净水。给离心泵灌水，排出泵内气体。

② 检查电源和信号线是否与控制柜连接正确，检查各阀门开度和仪表自检情况，试开车状态下检查电机和离心泵是否正常运转。

③ 实验时，逐渐打开调节阀以增大流量，待各仪表读数显示稳定后，读取相应数据（离心泵特性实验部分，主要获取实验参数为：流量 Q、泵进口压力 p_1、泵出口压力 p_2、电机功率 $N_{电}$、泵转速 n 及流体温度 t 和两测压点间高度差 H_0）。

④ 测取 10 组左右数据后，可以停泵，同时记录下设备的相关数据（如离心泵型号，额定流量、扬程和功率等）。

2. 注意事项

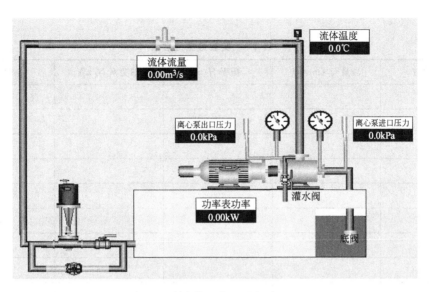

图 4-3　实验装置流程示意图（二）

① 一般每次实验前，均需对泵进行灌泵操作，以防止离心泵气缚。同时注意定期对泵进行保养，防止叶轮被固体颗粒损坏。

② 泵运转过程中，勿触碰泵主轴部分，因其高速转动，可能会缠绕并伤害身体接触部位。

③ 保持水箱、管道清洁，定期更换纯净水。

五、数据处理

（1）记录实验原始数据如下（表 4-2）：

实验日期：_____实验人员：_____学号：_____装置号：_____

离心泵型号＝_____，额定流量＝_____，额定扬程＝_____，额定功率＝_____

泵进出口测压点高度差 H_0＝_____，流体温度 t＝_____

表 4-2　实验数据原始记录表

实验次数	流量 Q /(m³/h)	泵进口压力 p_1/kPa	泵出口压力 p_2/kPa	电机功率 $N_{电}$ /kW	泵转速 n /(r/min)

（2）根据原理部分的公式，按比例定律校合转速后，计算各流量下的泵扬程、轴功率和

效率，见表 4-3。

表 4-3　实验数据处理表

实验次数	流量 $Q/(m^3/h)$	扬程 H/m	轴功率 N/kW	泵效率 $\eta/\%$

六、实验报告

1. 分别绘制一定转速下的 H-Q、N-Q、η-Q 曲线。

2. 分析实验结果，判断泵的最佳工作范围。

七、思考题

1. 试从所测实验数据分析，离心泵在启动时为什么要关闭出口阀门？

2. 启动离心泵之前为什么要引水灌泵？如果灌泵后依然启动不起来，你认为可能的原因是什么？

3. 为什么用泵的出口阀门调节流量？这种方法有什么优缺点？是否还有其他方法调节流量？

4. 泵启动后，出口阀如果不开，压力表读数是否会逐渐上升？为什么？

5. 正常工作的离心泵，在其进口管路上安装阀门是否合理？为什么？

6. 试分析，用清水泵输送密度为 $1200kg/m^3$ 的盐水，在相同流量下你认为泵的压力是否变化？轴功率是否变化？

7. 为何在离心泵进口管下安装底阀？从节能的观点上分析底阀的安装合理否，若不合理应如何改进？

实验三　流体流动阻力的测定实验

一、实验目的

1. 掌握测定流体流经直管、管件和阀门时阻力损失的一般实验方法。

2. 学会倒 U 形压差计和涡轮流量计的使用方法。

3. 掌握手动和自动操作方法。

二、基本原理

流体通过由直管、管件（如三通和弯头等）和阀门等组成的管路系统时，由于黏性剪应力和涡流应力的存在，要损失一定的机械能。流体流经直管时所造成机械能损失称为直管阻力损失。流体通过管件、阀门时因流体运动方向和速度大小改变所引起的机械能损失称为局部阻力损失。

1. 直管阻力摩擦系数 λ 的测定

流体在水平等径直管中稳定流动时，阻力损失为：

$$h_f = \frac{\Delta p_f}{\rho} = \frac{p_1 - p_2}{\rho} = \lambda \frac{l}{d} \frac{u^2}{2} \tag{4-11}$$

即

$$\lambda = \frac{2d\Delta p_f}{\rho l u^2} \tag{4-12}$$

式中 λ——直管阻力摩擦系数，无因次；

d——直管内径，m；

Δp_f——流体流经 l（m）直管的压力降，Pa；

h_f——单位质量流体流经 l（m）直管的机械能损失，J/kg；

ρ——流体密度，kg/m^3；

l——直管长度，m；

u——流体在管内流动的平均流速，m/s。

滞流（层流）时，

$$\lambda = \frac{64}{Re} \tag{4-13}$$

$$Re = \frac{du\rho}{\mu} \tag{4-14}$$

式中 Re——雷诺数，无因次；

μ——流体黏度，$kg/(m \cdot s)$。

湍流时 λ 是雷诺数 Re 和相对粗糙度（ε/d）的函数，须由实验确定。

由式（4-12）可知，欲测定 λ，需确定 l、d，测定 Δp_f、u、ρ、μ 等参数。l、d 为装置参数（装置参数表格中给出），ρ、μ 通过测定流体温度，再查有关手册而得，u 通过测定流体流量，再由管径计算得到。

例如本装置采用涡轮流量计测流量 V（m^3/h）。

$$u = \frac{V}{\pi \left(\dfrac{d^2}{2}\right)} \tag{4-15}$$

Δp_f 可用 U 形管、倒置 U 形管、测压直管等液柱压差计测定，或采用差压变送器和二次仪表显示。

（1）当采用倒置 U 形管液柱压差计时

$$\Delta p_f = \rho g R \tag{4-16}$$

式中 R——水柱高度，m。

（2）当采用 U 形管液柱压差计时

$$\Delta p_f = (\rho_0 - \rho) g R \tag{4-17}$$

式中 R——液柱高度，m；

ρ_0——指示液密度，kg/m^3。

根据实验装置结构参数 l、d，指示液密度 ρ_0，流体温度 t_0（查流体物性 ρ、μ），及实验时测定的流量 V、液柱压差计的读数 R，通过式（4-15）、式（4-16）或式（4-17）、式（4-14）和式（4-12）求取 Re 和 λ，再将 Re 和 λ 标绘在双对数坐标图上。

2. 局部阻力系数 ξ 的测定

局部阻力损失通常有两种表示方法，即当量长度法和阻力系数法。

(1) 当量长度法 流体流过某管件或阀门时造成的机械能损失看做与某一长度为 l_e 的同直径的管道所产生的机械能损失相当，此折合的管道长度称为当量长度，用符号 l_e 表示。这样，就可以用直管阻力的公式来计算局部阻力损失，而且在管路计算时可将管路中的直管长度与管件、阀门的当量长度合并在一起计算，则流体在管路中流动时的总机械能损失 $\sum h_f$ 为：

$$\sum h_f = \lambda \frac{l + \sum l_e}{d} \frac{u^2}{2} \tag{4-18}$$

(2) 阻力系数法 流体通过某一管件或阀门时的机械能损失表示为流体在小管径内流动时平均动能的某一倍数，局部阻力的这种计算方法，称为阻力系数法。即：

$$h_f' = \frac{\Delta p_f'}{\rho} = \xi \frac{u^2}{2} \tag{4-19}$$

故
$$\xi = \frac{2\Delta p_f'}{\rho u^2} \tag{4-20}$$

式中　ξ——局部阻力系数，无因次；

$\Delta p_f'$——局部阻力压强降，Pa（本装置中，所测得的压降应扣除两测压口间直管段的压降，直管段的压降由直管阻力实验结果求取）；

　ρ——流体密度，kg/m^3；

　u——流体在小截面管中的平均流速，m/s。

待测的管件和阀门由现场指定。本实验采用阻力系数法表示管件或阀门的局部阻力损失。

根据连接管件或阀门两端管径中小管的直径 d，指示液密度 ρ_0，流体温度 t_0（查流体物性 ρ、μ），及实验时测定的流量 V、液柱压差计的读数 R，通过式(4-15)、式(4-16) 或式(4-17)、式(4-10) 求取管件或阀门的局部阻力系数 ξ。

三、实验装置与流程

1. 实验装置

实验装置如图 4-4、图 4-5 所示。

2. 实验流程

实验对象部分是由贮水箱，离心泵，不同管径、材质的水管，各种阀门、管件，涡轮流量计和倒 U 形压差计等所组成的。管路部分有三段并联的长直管，自上而下分别为用于测定局部阻力系数，光滑管直管阻力系数和粗糙管直管阻力系数。测定局部阻力部分使用不锈钢管，其上装有待测管件（闸阀）；光滑管直管阻力的测定同样使用内壁光滑的不锈钢管，而粗糙管直管阻力的测定对象为管道内壁较粗糙的镀锌管。

水的流量使用涡轮流量计测量，管路和管件的阻力采用各自的倒 U 形压差计测量，同时差压变送器将差压信号传递给差压显示仪。

3. 装置参数

装置参数如表 4-4 所示。

四、实验步骤及注意事项

1. 实验步骤

① 首先对水泵进行灌水，然后关闭出口阀，启动水泵电机，待电机转动平稳后，把泵的出口阀缓缓开到最大。

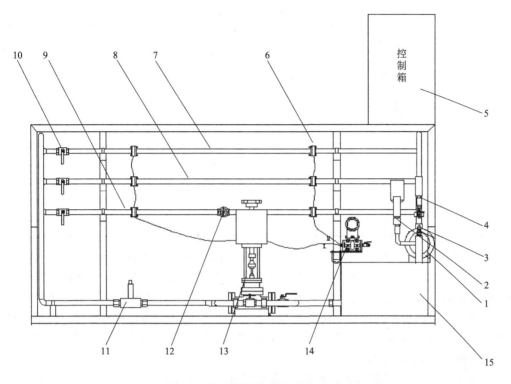

图 4-4　实验装置流程示意图（一）

1—离心泵；2—进口压力变送器；3—铂热电阻（测量水温）；4—出口压力变送器；5—电气仪表控制箱；
6—均压环；7—粗糙管；8—光滑管（离心泵实验中充当离心泵管路）；9—局部阻力管；10—管路选择球阀；
11—涡轮流量计；12—局部阻力管上的闸阀；13—电动调节阀；14—差压变送器；15—水箱

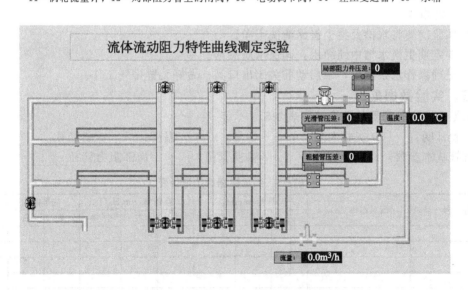

图 4-5　实验装置流程示意图（二）

②采用手动方法测量时，对倒 U 形压差计进行排气和调零，使压差计两端在带压且零流量时的液位高度相等。由于本流体力学综合装置中，选用的为经典离心泵，扬程较高，故倒 U 形压差计的量程只能做到一定程度，大流量数据应取差压变送器测得的压差。

表 4-4　装置参数表

名　　称	材　　质	管内径/mm		测量段长度/cm
		管路号	管内径	
装置 1				
局部阻力	闸阀	1A	21.1	100
光滑管	不锈钢管	1B	21.1	100
粗糙管	镀锌铁管	1C	21.1	100
名　　称	材　　质	管内径/mm		测量段长度/cm
		管路号	管内径	
装置 2				
局部阻力	闸阀	2A	21.1	100
光滑管	不锈钢管	2B	21.1	100
粗糙管	镀锌铁管	2C	21.1	100

③ 实验时可以分别使用自动或手动方法。手动方法时，先缓缓开启调节阀，调节流量，让流量在 $0.8 \sim 5 \text{m}^3/\text{h}$ 范围内变化，建议每次实验变化 $0.3 \text{m}^3/\text{h}$ 左右。每次改变流量，待流动达到稳定后，分别记下压差计左右两管的液位高度，两高度相减的绝对值即为该流量下的差压。注意正确读取不同流量下的压差和流量等有关参数。使用自动方法时，流量值可以由无纸记录仪的流量通道显示，改变流量时只需改变流量控制通道的设定即可，同理，差压值可以直接由无纸记录仪的压差显示通道读取。

④ 装置确定时，根据 Δp 和 u 的实验测定值，可计算 λ 和 ξ，在等温条件下，雷诺数 $Re = du\rho/\mu = Au$，其中 A 为常数，因此只要调节管路流量，即可得到一系列 $\lambda\text{-}Re$ 的实验点，从而绘出 $\lambda\text{-}Re$ 曲线。

⑤ 实验结束，关闭出口阀，停止水泵电机，清理装置。

2. 注意事项

① 实验前要将水槽及整个管路清洗干净。

② 要定期更换水槽中纯净水，确保水质清洁。

③ 正确操作水泵灌泵，泵启动前关闭出口阀；做好装置排气工作。

五、实验数据处理

根据上述实验测得的数据填写表 4-5。

实验日期：_____ 实验人员：_____ 学号：_____ 温度：_____ 装置号：_____

直管基本参数：　光滑管径_____　粗糙管径_____　局部阻力管径_____

表 4-5　实验数据原始记录表

序　号	流量/(m³/h)	光滑管/mmH₂O			粗糙管/mmH₂O			局部阻力/mmH₂O		
		左	右	压差	左	右	压差	左	右	压差

六、实验报告

1. 根据粗糙管实验结果，在双对数坐标纸上标绘出 λ-Re 曲线，对照化工原理教材上有关曲线图，即可估算出该管的相对粗糙度和绝对粗糙度。

2. 根据光滑管实验结果，对照柏拉修斯方程，计算其误差。

3. 根据局部阻力实验结果，求出闸阀全开时的平均 ξ 值。

4. 对实验结果进行分析讨论。

七、思考题

1. 在对装置做排气工作时，是否一定要关闭流程尾部的出口阀？为什么？

2. 如何检测管路中的空气已经被排除干净？

3. 以水做介质所测得的 λ-Re 曲线，能否适用于空气在管内的流动？若适合如何应用？

4. 在不同设备上（包括不同管径），不同水温下测定的 λ-Re 数据能否关联在同一条曲线上？

5. 在一定 ε/d 下，λ-Re 的关系曲线是怎样的？当 Re 足够大时，曲线情况又如何？由此可得出何种结论？

实验四　恒压过滤常数测定实验

一、实验目的

1. 了解操作压力对过滤速率的影响。

2. 熟悉板框压滤机的构造和操作方法。

3. 学会测定过滤常数 K、q_e、τ_e 及压缩性指数 S 的方法。

4. 掌握过滤的基本原理和操作工艺流程。

二、基本原理

过滤是以某种多孔物质作为介质来处理悬浮液的操作。在外力作用下，悬浮液中的液体通过介质的孔道，而固体颗粒被截留下来，从而实现固液分离。过滤操作中，随着过滤过程的进行，固体颗粒层的厚度不断增加，故在恒压过滤操作中，过滤速率不断降低。

影响过滤速率的主要因素除压强差、滤饼厚度外，还有滤饼和悬浮液的性质、悬浮液温度、过滤介质的阻力等，在低雷诺数范围内，过滤速率计算式为

$$u=\frac{1}{K'}\frac{\varepsilon^3}{a^2(1-\varepsilon)^2}\frac{\Delta p}{\mu L} \tag{4-21}$$

式中　u——过滤速度，m/s；

$\quad K'$——康采尼常数，层流时，$K'=5.0$；

$\quad \varepsilon$——床层空隙率，m^3/m^3；

$\quad a$——颗粒的比表面积，m^2/m^3；

$\quad \Delta p$——过滤的压强差，Pa；

$\quad \mu$——滤液黏度，Pa·s；

$\quad L$——床层厚度，m。

由此可导出过滤基本方程式

$$\frac{dV}{d\tau}=\frac{A^2\Delta p^{1-S}}{\mu r'\nu(V+V_e)} \tag{4-22}$$

式中　V——过滤体积，m^3；

τ——过滤时间，s；

A——过滤面积，m^2；

S——滤饼压缩性指数，无因次，一般 $S=0\sim1$，对不可压缩滤饼，$S=0$；

r——滤饼比阻，$1/m^2$，$r=5.0a^2(1-\varepsilon)^2/\varepsilon^3$；

r'——单位压强差下的比阻，$1/m^2$，$r=r'\Delta p^S$；

ν——滤饼体积与相应滤液体积之比，无因次；

V_e——虚拟滤液体积，m^3。

恒压过滤时，令 $k=1/\mu r'\nu$，$K=2k\Delta p^{1-S}$，$q=V/A$，$q_e=V_e/A$，对式（4-22）积分得

$$(q+q_e)^2=K(\tau+\tau_e) \tag{4-23}$$

式中　q——单位过滤面积的滤液体积，m^3/m^2；

q_e——单位过滤面积的虚拟滤液体积，m^3/m^2；

τ_e——虚拟过滤时间，s；

K——滤饼常数，由物料特性及过滤压差所决定，m^2/s。

K、q、q_e 三者总称为过滤常数。利用恒压过滤方程进行计算时，必须首先知道 K、q、q_e，而这三个过滤常数需由实验测定。

对式（4-23）微分得

$$\left. \begin{array}{l} 2(q+q_e)\mathrm{d}q=K\mathrm{d}\tau \\ \dfrac{\mathrm{d}\tau}{\mathrm{d}q}=\dfrac{2}{K}q+\dfrac{2}{K}q_e \end{array} \right\} \tag{4-24}$$

用 $\Delta\tau/\Delta q$ 代替 $\mathrm{d}\tau/\mathrm{d}q$，在恒压条件下，用秒表和量筒分别测定一系列时间间隔 $\Delta\tau_i$，和对应的滤液体积 ΔV_i，可计算出一系列 $\Delta\tau_i/\Delta q_i$、q_i。在直角坐标系中绘制 $\Delta\tau/\Delta q$-q 的函数关系，得一直线，斜率为 $2/K$，截距为 $2q_e/K$，可求得 K 和 q_e，再根据 $\tau_e=q_e^2/K$，可得 τ_e。

改变过滤压差 Δp，可测得不同的 K 值，由 K 的定义式两边取对数得：

$$\lg K=(1-S)\lg(\Delta p)+\lg(2k) \tag{4-25}$$

在实验压差范围内，若 k 为常数，则 $\lg K$-$\lg(\Delta p)$ 的关系在直角坐标上应是一条直线，斜率为 $(1-S)$，可得滤饼压缩性指数 S，进而确定物料特性常数 k。

三、实验装置与流程

本实验装置由空压机、配料槽、压力料槽、板框过滤机等组成。其流程示意如图 4-6。

$CaCO_3$ 的悬浮液在配料桶内配制一定浓度后，利用压差送入压力料槽中，用压缩空气加以搅拌使 $CaCO_3$ 不致沉降，同时利用压缩空气的压力将滤浆送入板框压滤机过滤，滤液流入量筒计量，压缩空气从压力料槽上排空管中排出。

板框压滤机的结构尺寸：框厚度 25mm，每个框过滤面积 $0.024m^2$，框数 2 个。

空气压缩机规格型号：ZVS-0.06/7，风量 $0.06m^3/min$，最大气压 0.7MPa。

四、实验步骤及注意事项

1. 实验步骤

① 配制含 $CaCO_3$ 8%～13%（质量分数）的水悬浮液。

② 开启空压机，将压缩空气通入配料槽，使 $CaCO_3$ 悬浮液搅拌均匀。

③ 正确装好滤板、滤框及滤布。滤布使用前用水浸湿。滤布要绷紧，不能起皱（注意：

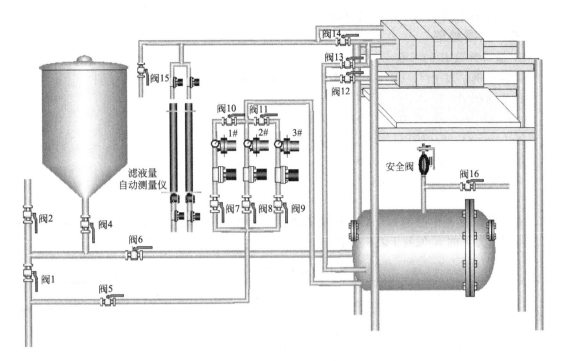

图 4-6　板框压滤机过滤流程

用螺旋压紧时，千万不要把手指压伤，先慢慢转动手轮使板框合上，然后再压紧）。

④ 在压力料槽排气阀打开的情况下，打开进料阀门，使料浆自动由配料桶流入压力料槽至其视镜 1/3～1/2 处，关闭进料阀门。

⑤ 通压缩空气至压力料槽，使容器内料浆不断搅拌。压力料槽的排气阀应不断排气，但又不能喷浆。

⑥ 调节压力料槽的压力到需要的值。主要依靠调节通至料浆槽和压力槽的两个压缩空气阀门的相对开启度。一旦调定压力，进气阀不要再动。压力细调可通过调节压力槽上的排气阀完成。每次实验，应有专人调节压力并保持恒压。

⑦ 最大压力不要超过 0.3MPa，要考虑各个压力值的分布，从低压过滤开始做实验较好。

⑧ 每次实验应在滤液从汇集管刚流出的时候作为开始时刻，每次 ΔV 取 800mL 左右。记录相应的过滤时间 $\Delta \tau$。要熟练双秒表轮流读数的方法。

⑨ 量筒交换接滤液时不要流失滤液。等量筒内滤液静止后读出 ΔV 值。（注意：ΔV 约 800mL 时替换量筒，这时量筒内滤液量并非正好 800mL。要事先熟悉量筒刻度，不要打碎量筒！）

⑩ 每个压力下，测量 8～10 个读数即可停止实验。

⑪ 每次滤液及滤饼均收集在小桶内，滤饼弄细后重新倒入料浆桶内。实验结束后要冲洗滤框、滤板及滤布不要折，应当用刷子刷洗，排掉滤浆釜内的清水，停电，一切复原。

2. 注意事项

① 启动空气压缩机之前要熟悉整个流程气路走向。

② 操作压力不宜过大，滤布要铺平整，切忌压力过大导致滤浆从板框中喷出。

③ 正确操作排气阀和压力调节阀。

五、数据处理

1. 滤饼常数 K 的求取

计算举例：以 $p=1.0\text{kgf/cm}^2$ 时的一组数据为例。

过滤面积 $A=0.024\times 2\text{m}^2=0.048\text{m}^2$；

$\Delta q=\Delta V/A=637\times 10^{-6}/0.048\text{m}^3/\text{m}^2=0.0132\text{m}^3/\text{m}^2$；

$\Delta\tau/\Delta q=31.98/0.0132=2422.727\text{s}\cdot\text{m}^2/\text{m}^3$；

$q_1=0.0132\text{m}^3/\text{m}^2 \quad q_2=q_1+\Delta q=0.0269\text{m}^3/\text{m}^2$；

依此算出多组 $\Delta\tau/\Delta q$ 及 q；

……

在直角坐标系中绘制 $\Delta\tau/\Delta q$-q 的关系曲线，如图 4-7 所示，从该图中读出斜率可求得 K。不同压力下的 K 值列于表 4-6 中。

表 4-6 不同压力下的 K 值

$\Delta p/(\text{kgf/cm}^2)$	过滤常数 $K/(\text{m}^2/\text{s})$
1.0	
1.5	
2.0	

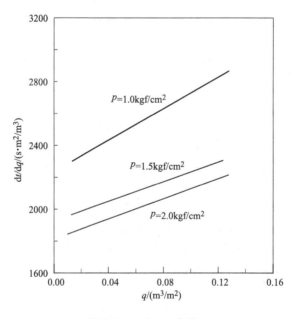

图 4-7 $\Delta\tau/\Delta q$-q 曲线

2. 滤饼压缩性指数 S 的求取

计算举例：在压力 $p=2.0\text{kgf/cm}^2$ 时的 $\Delta\tau/\Delta q$-q 直线上，拟合得直线方程，根据斜率为 $2/K_3$，则 $K_3=0.0006766$。

将不同压力下测得的 K 值作 $\lg K$-$\lg\Delta p$ 曲线，如图 4-8 所示，也拟合得直线方程，根据斜率为 $(1-S)$，可计算得 $S=0.232105$。

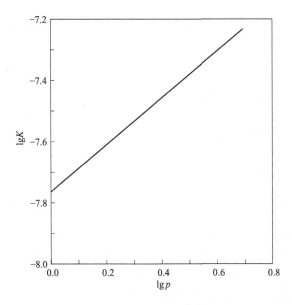

图 4-8 lg$K$-lgΔp 曲线

六、实验报告

1. 由恒压过滤实验数据求过滤常数 K、q、q_e。

2. 比较几种压差下的 K、q、q_e 值，讨论压差变化对以上参数数值的影响。

3. 在直角坐标纸上绘制 lg$K$-lgΔp 关系曲线，求出 S 及 K。

4. 写出完整的过滤方程式，弄清其中各参数的符号及意义。

七、思考题

1. 为什么过滤开始时，滤液常常有点混浊，而过段时间后才变清？

2. 实验数据中第一点有无偏低或偏高现象？若有，为什么？

3. 当操作压强增加一倍，其 K 值是否也增加一倍？要得到同样重量的过滤液，其过滤时间是否缩短了一半？

4. 影响过滤速率的主要因素有哪些？

5. 如果滤液的黏度比较大，应考虑用什么方法加大过滤速率？

实验五 气-气列管换热实验

一、实验目的

1. 掌握测定列管式换热器的总传热系数方法。

2. 熟悉流体流速对总传热系数的影响。

3. 了解换热器的结构及强化传热的措施。

4. 掌握换热器主要性能指标的测定方法。

二、基本原理

在工业生产过程中，冷、热流体通过固体壁面（传热元件）进行热量交换，称为间壁式换热。如图 4-9 所示，间壁式传热过程由热流体对固体壁面的对流传热，固体壁面的热传导和固体壁面对冷流体的对流传热所组成。

达到传热稳定时，有

$$Q = m_1 c_{p1}(T_1 - T_2) = m_2 c_{p2}(t_2 - t_1)$$
$$= \alpha_1 A_1 (T - T_W)_m = \alpha_2 A_2 (t_W - t)_m$$
$$= KA\Delta t_m \qquad (4\text{-}26)$$

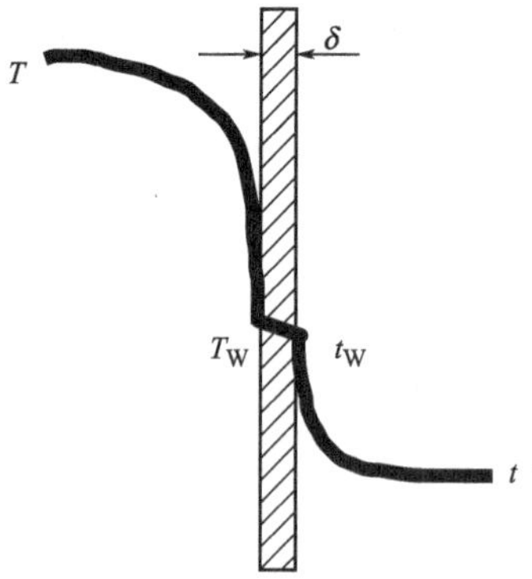

图 4-9　间壁式传热
过程示意图

式中　　　Q——传热量，J/s；

m_1——热流体的质量流率，kg/s；

c_{p1}——热流体的比热容，J/(kg·℃)；

T_1——热流体的进口温度，℃；

T_2——热流体的出口温度，℃；

m_2——冷流体的质量流率，kg/s；

c_{p2}——冷流体的比热容，J/(kg·℃)；

t_1——冷流体的进口温度，℃；

t_2——冷流体的出口温度，℃；

α_1——热流体与固体壁面的对流传热系数，W/(m²·℃)；

A_1——热流体侧的对流传热面积，m²；

$(T - T_W)_m$——热流体与固体壁面的对数平均温差，℃；

α_2——冷流体与固体壁面的对流传热系数，W/(m²·℃)；

A_2——冷流体侧的对流传热面积，m²；

$(t_W - t)_m$——固体壁面与冷流体的对数平均温差，℃；

K——以传热面积 A 为基准的总给热系数，W/(m²·℃)；

Δt_m——冷热流体的对数平均温差，℃。

热、冷流体间的对数平均温差可由式（4-27）计算，

$$\Delta t_m = \frac{(T_1 - t_2) - (T_2 - t_1)}{\ln \dfrac{T_1 - t_2}{T_2 - t_1}} \qquad (4\text{-}27)$$

下面通过两种方法来求对流给热系数。

1. 近似法计算对流给热系数 α_1

以管内壁面积为基准的总给热系数与对流给热系数间的关系为

$$\frac{1}{K} = \frac{1}{\alpha_1} + \frac{b}{\lambda}\frac{A_1}{A_m} + \frac{A_1}{\alpha_2 A_2} = \frac{1}{\alpha_1} + C_0 = \frac{1}{C_1 \dfrac{\lambda_1}{d_1} Re_1^{0.8} Pr_1^{0.3}} + C_0 \qquad (4\text{-}28)$$

实验中的传热元件材料采用不锈钢，若忽略换热管壁的导热热阻 $\dfrac{b d_2}{\lambda d_m}$ 和换热管内侧的污垢热阻 R_{S2}，则由式（4-28）得，

$$\alpha_2 \approx K \qquad (4\text{-}29)$$

由此可见，被忽略的传热热阻与冷流体侧对流传热热阻相比越小，此法所得的准确性就越高。

2. 传热准数式计算对流给热系数 α_2

对于流体在圆形直管内做强制湍流对流传热时，若符合如下范围内：$Re = 1.0 \times 10^4 \sim 1.2 \times 10^5$，$Pr = 0.7 \sim 120$，管长与管内径之比 $l/d \geqslant 60$，则传热准数经验式为，

$$Nu = 0.023 Re^{0.8} Pr^n \qquad (4\text{-}30)$$

式中　Nu——努塞尔数，$Nu = \dfrac{\alpha d}{\lambda}$，无因次；

Re——雷诺数，$Re = \dfrac{du\rho}{\mu}$，无因次；

Pr——普朗特数，$Pr = \dfrac{c_p\mu}{\lambda}$，无因次；

n——当流体被加热时 $n=0.4$，流体被冷却时 $n=0.3$，本实验，主要是管内的热流体被冷却，故取 n 为 0.3；

α——流体与固体壁面的对流传热系数，$W/(m^2 \cdot \text{℃})$；

d——换热管内径，m；

λ——流体的热导率，$W/(m \cdot \text{℃})$；

u——流体在管内流动的平均速度，m/s；

ρ——流体的密度，kg/m^3；

μ——流体的黏度，$Pa \cdot s$；

c_p——流体的比热容，$J/(kg \cdot \text{℃})$。

对于水或空气在管内强制对流被冷却时，可将式(4-28)改写为，

$$\frac{1}{K} = \frac{1}{\alpha_1} + \frac{b}{\lambda}\frac{A_1}{A_m} + \frac{A_1}{\alpha_2 A_2} = \frac{1}{\alpha_1} + C_0 = \frac{1}{C_1\dfrac{\lambda_1}{d_1}Re_1^{0.8}Pr_1^{0.3}} + C_0 \tag{4-31}$$

令 $y = \dfrac{1}{K} = \dfrac{1}{\alpha_1}$，$x = \dfrac{1}{\dfrac{\lambda_1}{d_1}Re_1^{0.8}Pr_1^{0.3}}$，根据拟合直线斜率求得 C_1。

当测定管内不同流量下的对流给热系数时，由式(4-31)计算所得的 C_1 值为一常数。因此，实验时测定不同流量所对应的 t_1、t_2、T_1、T_2，求取一系列 X、Y 值，再在 X-Y 图上作图或将所得的 X、Y 值回归成一直线，该直线的斜率即为 C_1。任一热流体流量下的给热系数 α_2 可用下式求得，

$$\alpha_2 = C_1\frac{\lambda_1}{d_1}Re_1^{0.8}Pr_1^{0.3} \tag{4-32}$$

若用转子流量计测定冷空气的流量，还须用下式换算得到实际的流量，

$$V' = V\sqrt{\frac{\rho(\rho_f - \rho')}{\rho'(\rho_f - \rho)}} \tag{4-33}$$

式中　V'——实际被测流体的体积流量，m^3/s；

　　ρ'——实际被测流体的密度，kg/m^3，均可取 $t_{平均} = \dfrac{1}{2}(t_1 + t_2)$ 下对应水或空气的密度，见冷流体物性与温度的关系式；

　　V——标定用流体的体积流量，m^3/s；

　　ρ——标定用流体的密度，kg/m^3，对水 $\rho = 1000kg/m^3$，对空气 $\rho = 1.205kg/m^3$；

　　ρ_f——转子材料密度，kg/m^3。

于是　　　　　　　　　　$m_2 = V'\rho' \tag{4-34}$

若用孔板流量计测冷流体的流量，则，

$$m_2 = \rho V \tag{4-35}$$

式中，V 为冷流体进口处流量计读数；ρ 为冷流体进口温度下对应的密度。

在 0～100℃ 之间，冷流体的物性与温度的关系有如下拟合公式。

(1) 空气的密度与温度的关系式：$\rho = 10^{-5}t^2 - 4.5 \times 10^{-3}t + 1.2916$

（2）空气的比热容与温度的关系式：60℃以下 $c_p = 1005 \text{J/(kg · ℃)}$，

70℃以上 $c_p = 1009 \text{J/(kg · ℃)}$。

（3）空气的热导率与温度的关系式：$\lambda = -2 \times 10^{-8} t^2 + 8 \times 10^{-5} t + 0.0244$

（4）空气的黏度与温度的关系式：$\mu = (-2 \times 10^{-6} t^2 + 5 \times 10^{-3} t + 1.7169) \times 10^{-5}$

三、实验装置与流程

本实验装置流程及其性能见图 4-10 和表 4-7。

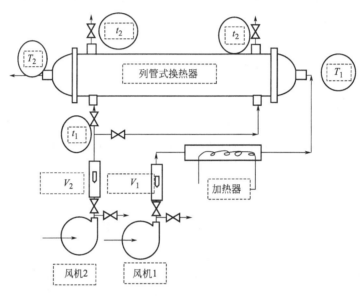

图 4-10 间壁式传热流程示意图

表 4-7 实验装置性能表

名　　称	符　号	单　位	备　注
冷流体进口温度	t_1	℃	热流体走管内，冷流体走管间。列管规格 $\phi 25 \text{mm} \times 2 \text{mm}$，即内径 21mm，共 7 根列管，长 1m，则换热面积共 0.462m^2
冷流体逆流出口温度	t_2	℃	
冷流体并流出口温度	t_2'	℃	
热流体进口温度	T_1	℃	
热流体出口温度	T_2	℃	
热风流量	V_1	m^3/h	
冷风流量	V_2	m^3/h	

本装置采用冷空气与热空气体系进行对流换热。热流体由风机 1 吸入经流量计计量后 V_1，进入加热管预热，温度测定后进入列管换热器管内，出口也经温度测定后直接排出。冷流体由风机 2 吸入经流量计计量 V_2 后，由温度计测定其进口温度，并由闸阀选择逆流或并流传热形式。即：上图冷风左侧进口阀打开即为逆着热风的流向，相应也应打开对角处的逆流出口阀，这就是逆流换热的流程；类似的，将冷风右侧进口阀打开即为并流热风的流向，打开对角的冷流体并流出口阀，这就是并流换热的流程。冷热流体的流量可由各自风机的旁路阀调节。

四、操作步骤及注意事项

1. 实验步骤

① 打开总电源开关、仪表开关，待各仪表温度自检显示正常后进行下步操作。

② 打开热流体风机的出口旁路，启动热流体风机，再调节旁路阀门到适合的实验流量。

因本实验热流体走管内，故应测定热流体侧对流换热系数，则热流体风量是主要的实验变量。

③ 若热流体从小到大，则相应的加热功率也应从小到大设定。例如，热流体实验范围为 $10 \sim 80 m^3/h$，调节流量为 $10 m^3/h$ 时，调节控温旋钮至 $20 \sim 40V$，待热风进口温度恒定后可进行下步操作。相应地，热风机流量调大后，控温旋钮的电压值也调大。

④ 将温度切换显示开关调至逆流状态，打开冷流体进出管路上对应逆流流程的阀门，开启冷流体风机，将流量调节至 $40 \sim 60 m^3/h$，整个实验过程中冷流体流量均保持恒定。

⑤ 待某一流量下的热流体和逆流的冷流体换热的四个温度相对恒定后，可认为换热过程基本平衡，抄录冷热流体的流量和温度，即完成逆流换热下一组数据的测定。之后，改变一个热流体的流量和加热功率，再待换热平衡抄录又一组实验数据。

⑥ 同理，可进行冷热流体的并流换热实验。

注意：冷流体流量在整个实验过程中最好保持不变，热流体每次的进口温度可不同，但在一次换热过程中，必须待热流体进出口温度恒定后方可认为换热过程平衡。

⑦ 实验结束，应先关闭加热器，待各温度显示至室温左右，再关闭风机和其他电源。

2. 注意事项

① 旋转阀门时不宜用力过度，否则会导致阀门拧死。

② 熟练并流逆流热冷气体的走向，避免阀门调节不当出现测试错误。

③ 加热器应后开先关，不可让加热器干烧。

④ 实验中热流体气体流量调节范围和改变量应根据实验可操作情况设定。

五、实验报告

1. 逆流换热流程下，固定冷流体流量，求取热流体侧的对流给热系数。

2. 并流换热流程下，固定冷流体流量，求取热流体侧的对流给热系数。

六、思考题

1. 影响传热系数 K 的因素有哪些？

2. 为什么要待热冷流体进出口温度稳定后才读数？

3. 为什么只改变热流体的流量，固定冷流体的流量？冷流体流量是维持在较小值还是较大值，为什么？

4. 哪些因素影响传热的稳定性？

5. 工程上强化换热器传热的措施有哪些？

实验六　干燥特性曲线测定实验

一、实验目的

1. 了解洞道式干燥装置的基本结构、工艺流程和操作方法。

2. 了解测定物料在恒定干燥条件下干燥特性的实验方法。

3. 了解物料含水量的测定方法。

4. 掌握根据实验干燥曲线求取干燥速率曲线以及恒速阶段干燥速率、临界含水量、平衡含水量的实验分析方法。

5. 实验研究干燥条件对于干燥过程特性的影响。

二、基本原理

在设计干燥器的尺寸或确定干燥器的生产能力时，被干燥物料在给定干燥条件下的干燥速率、临界湿含量和平衡湿含量等干燥特性数据是最基本的技术依据参数。由于实际生产中的被干燥物料的性质千变万化，因此对于大多数具体的被干燥物料而言，其干燥特性数据常常需要通过实验测定。

按干燥过程中空气状态参数是否变化，可将干燥过程分为恒定干燥条件操作和非恒定干燥条件操作两大类。若用大量空气干燥少量物料，则可以认为湿空气在干燥过程中温度、湿度均不变，再加上气流速度、与物料的接触方式不变，则称这种操作为恒定干燥条件下的干燥操作。

1. 干燥速率的定义

干燥速率的定义为单位干燥面积（提供湿分汽化的面积）、单位时间内所除去的湿分质量。即

$$U = \frac{\mathrm{d}W}{A\,\mathrm{d}\tau} = -\frac{G_c\,\mathrm{d}X}{A\,\mathrm{d}\tau} \tag{4-36}$$

式中　U——干燥速率，又称干燥通量，$kg/(m^2 \cdot s)$；

　　　A——干燥表面积，m^2；

　　　W——汽化的湿分量，kg；

　　　τ——干燥时间，s；

　　　G_c——绝干物料的质量，kg；

　　　X——物料湿含量，kg 湿分/kg 干物料，负号表示 X 随干燥时间的增加而减少。

2. 干燥速率的测定方法

将湿物料试样置于恒定空气流中进行干燥实验，随着干燥时间的延长，水分不断汽化，湿物料质量减少。若记录物料不同时间下质量 G，直到物料质量不变为止，也就是物料在该条件下达到干燥极限为止，此时留在物料中的水分就是平衡水分 X^*。再将物料烘干后称重得到绝干物料重 G_c，则物料中瞬间含水率 X 为

$$X = \frac{G - G_c}{G_c} \tag{4-37}$$

计算出每一时刻的瞬间含水率 X，然后将 X 对干燥时间 τ 作图，如图 4-11，即为干燥曲线。

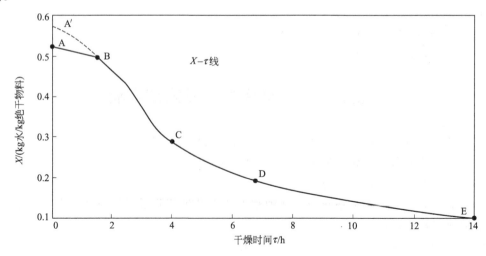

图 4-11　恒定干燥条件下的干燥曲线

上述干燥曲线还可以变换得到干燥速率曲线。由已测得的干燥曲线求出不同 X 下的斜

率$\dfrac{\mathrm{d}X}{\mathrm{d}\tau}$，再由式(4-35)计算得到干燥速率$U$，将$U$对$X$作图，就是干燥速率曲线，如图4-12所示。

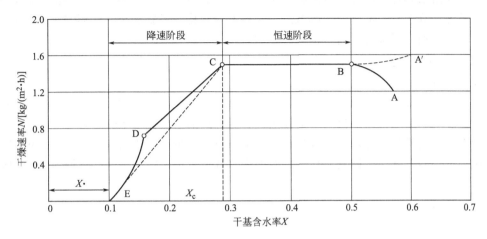

图 4-12　恒定干燥条件下的干燥速率曲线

3. 干燥过程分析

(1) 预热段　见图 4-11、图 4-12 中的 AB 段或 AB′ 段。物料在预热段中，含水率略有下降，温度则升至湿球温度 t_W，干燥速率可能呈上升趋势变化，也可能呈下降趋势变化。预热段经历的时间很短，通常在干燥计算中忽略不计，有些干燥过程甚至没有预热段。本实验中也没有预热段。

(2) 恒速干燥阶段　见图 4-11、图 4-12 中的 BC 段。该段物料水分不断汽化，含水率不断下降。但由于这一阶段去除的是物料表面附着的非结合水分，水分去除的机理与纯水的相同，故在恒定干燥条件下，物料表面始终保持为湿球温度 t_W，传质推动力保持不变，因而干燥速率也不变。于是，在图 4-12 中，BC 段为水平线。

只要物料表面保持足够湿润，物料的干燥过程中总有恒速阶段。而该段的干燥速率大小取决于物料表面水分的汽化速率，亦即决定于物料外部的空气干燥条件，故该阶段又称为表面汽化控制阶段。

(3) 降速干燥阶段　随着干燥过程的进行，物料内部水分移动到表面的速度赶不上表面水分的汽化速率，物料表面局部出现"干区"，尽管这时物料其余表面的平衡蒸气压仍与纯水的饱和蒸气压相同，传质推动力也仍为湿度差，但以物料全部外表面计算的干燥速率因"干区"的出现而降低，此时物料中的含水率称为临界含水率，用 X_c 表示，对应图 4-12 中的 C 点，称为临界点。过 C 点以后，干燥速率逐渐降低至 D 点，C 至 D 阶段称为降速第一阶段。

干燥到点 D 时，物料全部表面都成为干区，汽化面逐渐向物料内部移动，汽化所需的热量必须通过已被干燥的固体层才能传递到汽化面；从物料中汽化的水分也必须通过这层干燥层才能传递到空气主流中。干燥速率因热、质传递的途径加长而下降。此外，在点 D 以后，物料中的非结合水分已被除尽。接下去所汽化的是各种形式的结合水。因而，平衡蒸气压将逐渐下降，传质推动力减小，干燥速率也随之较快降低，直至到达点 E 时，速率降为零。这一阶段称为降速第二阶段。

降速阶段干燥速率曲线的形状随物料内部的结构而异，不一定都呈现前面所述的曲线 CDE 形状。对于某些多孔性物料，可能降速两个阶段的界限不是很明显，曲线好像只有 CD

段；对于某些无孔性吸水物料，汽化只在表面进行，干燥速率取决于固体内部水分的扩散速率，故降速阶段只有类似 DE 段的曲线。

与恒速阶段相比，降速阶段从物料中除去的水分量相对少许多，但所需的干燥时间却长得多。总之，降速阶段的干燥速率取决于物料本身结构、形状和尺寸，而与干燥介质状况关系不大，故降速阶段又称物料内部迁移控制阶段。

三、实验装置

1. 装置流程

本装置流程如图 4-13 所示。悬挂于干燥室内的料盘，其侧面及底面均外包绝热材料，防止导热影响。空气由鼓风机送入电加热器，经加热的空气流入干燥室，加热干燥室料盘中的湿物料后，经排出管道通入大气中。随着干燥过程的进行，物料失去的水分量由称重传感器转化为电信号，并由智能数显仪表记录下来（或通过固定间隔时间，读取该时刻的湿物料重量）。

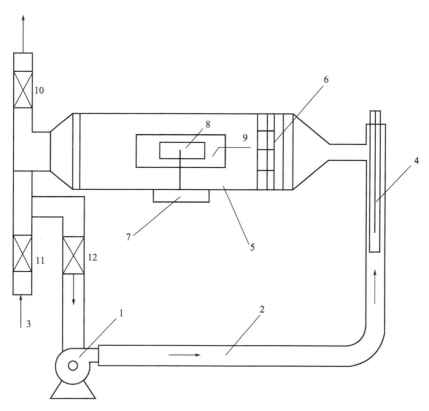

图 4-13　干燥装置流程图

1—风机；2—管道；3—进风口；4—加热器；5—厢式干燥器；6—气流均布器；

7—称重传感器；8—湿毛毡；9—玻璃视镜门；10，11，12—蝶阀

2. 主要设备及仪器

（1）鼓风机：BYF7122，370W。

（2）电加热器：额定功率 4.5kW。

（3）干燥室：180mm×180mm×1250mm。

（4）干燥物料：湿毛毡或湿砂。

（5）称重传感器：SH-18 型，0～200g。

四、实验步骤与注意事项

1. 实验步骤

① 开启风机。

② 打开仪控柜电源开关，加热器开关，干燥室温度（干球温度）要求恒定在70℃。

③ 将毛毡加入一定量的水并使其充分润湿均匀，但不能有水滴自由滴下。

④ 当干燥室温度恒定在70℃时，将湿毛毡十分小心地放置于称重传感器上。放置毛毡时应特别注意不能用力下压，因称重传感器的测量上限仅为200g，用力过大容易损坏称重传感器。

⑤ 记录时间和脱水量，每分钟记录一次重量数据；每两分钟记录一次干球温度和湿球温度。

⑥ 待毛毡恒重时，即为实验终了时，关闭仪表电源，注意保护称重传感器，非常小心地取下毛毡。

⑦ 关闭风机，切断总电源，清理实验设备。

2. 注意事项

① 必须先开风机，后开加热器，否则加热管可能会被烧坏。

② 特别注意传感器的负荷量仅为200g，放取毛毡时必须十分小心，绝对不能下压，以免损坏称重传感器。

③ 实验过程中，不要拍打、碰扣装置面板，以免引起料盘晃动，影响结果。

五、实验报告

1. 绘制干燥曲线（失水量-时间关系曲线）；

2. 根据干燥曲线作干燥速率曲线；

3. 读取物料的临界湿含量；

4. 对实验结果进行分析讨论。

六、思考题

1. 什么是恒定干燥条件？本实验装置中采用了哪些措施来保持干燥过程在恒定干燥条件下进行？

2. 控制恒速干燥阶段速率的因素是什么？控制降速干燥阶段干燥速率的因素又是什么？

3. 为什么要先启动风机，再启动加热器？实验过程中干、湿球温度计是否变化？为什么？如何判断实验已经结束？

4. 若加大热空气流量，干燥速率曲线有何变化？恒速干燥速率、临界湿含量又如何变化？为什么？

5. 在70℃的空气流中干燥相当长时间，能否得到绝干物料？

第五章　化工原理综合实验

本章是在学生掌握了一般基础单元操作实验技能的基础上，继续学习新的单元操作实验，但是这些单元操作实验需要上一章介绍的基本的单元实验的辅助下才能完成，因此，把吸、精馏、萃取等单元实验列为综合性实验。本章将对化工厂的吸收塔、筛板塔精馏、萃取塔等设备进行介绍，了解基本设备的基本结构、工作原理及操作特性，巩固和加深理解基本单元操作的基本知识、基本理论，掌握各种塔器的操作要领和方法，根据生产工艺要求，合理控制工艺指标使各设备在高效率下可靠运行，并能对塔设备的开车、停车、事故处理等进行熟练操作。通过本章的学习，帮助同学树立工程观念，培养学生严谨的科学态度，培养学生的节能环保意识，培养学生团结协作的精神。

实验七　填料塔吸收传质系数的测定实验

一、实验目的

1. 了解填料塔吸收装置的基本结构、流程及操作方法。
2. 掌握总体积传质系数的测定方法。
3. 了解气相色谱仪和六通阀的使用方法。

二、基本原理

气体吸收是典型的传质过程之一。由于 CO_2 气体无味、无毒、廉价，所以气体吸收实验常选择 CO_2 作为溶质组分。本实验采用水吸收空气中的 CO_2 组分。一般 CO_2 在水中的溶解度很小，即使预先将一定量的 CO_2 气体通入空气中混合以提高空气中的 CO_2 浓度，水中的 CO_2 含量仍然很低，所以吸收的计算方法可按低浓度来处理，并且此体系 CO_2 气体的解吸过程属于液膜控制。因此，本实验主要测定 K_{xa} 和 H_{OL}。

1. 计算公式

填料层高度 Z 为

$$Z = \int_0^Z \mathrm{d}Z = \frac{L}{K_{xa}} \int_{x_2}^{x_1} \frac{\mathrm{d}x}{x - x^*} = H_{OL} N_{OL} \tag{5-1}$$

式中　L——液体通过塔截面的摩尔流量，$kmol/(m^2 \cdot s)$；

　　　K_{xa}——以 ΔX 为推动力的液相总体积传质系数，$kmol/(m^3 \cdot s)$；

　　　H_{OL}——液相总传质单元高度，m；

　　　N_{OL}——液相总传质单元数，无因次。

令：吸收因数 $A = L/mG$ $\tag{5-2}$

$$N_{OL} = \frac{1}{1-A} \ln \left[(1-A) \frac{y_1 - mx_2}{y_1 - mx_1} + A \right] \tag{5-3}$$

2. 测定方法

（1）空气流量和水流量的测定　本实验采用转子流量计测得空气和水的流量，并根据实验条件（温度和压力）和有关公式换算成空气和水的摩尔流量。

（2）测定填料层高度 Z 和塔径 D。

（3）测定塔顶和塔底气相组成 y_1 和 y_2。

（4）平衡关系　本实验的平衡关系可写成

$$y = mx$$

式中　m——相平衡常数，$m = E/P$；

　　　E——亨利系数，$E = f(t)$，Pa，根据液相温度由附录查得；

　　　P——总压，Pa，取 1atm。

对清水而言，$x_2 = 0$，由全塔物料衡算

$$G(y_1 - y_2) = L(x_1 - x_2) \tag{5-4}$$

可得 x_1。

三、实验装置

1. 装置流程

本实验装置流程（图 5-1）：将水箱中的纯净水送入填料塔塔顶经喷头喷淋在填料顶层。由风机送来的空气和由二氧化碳钢瓶来的二氧化碳混合后，一起进入气体混合罐，然后再进入塔底，与水在塔内进行逆流接触，进行质量和热量的交换，由塔顶出来的尾气放空，由于本实验为低浓度气体的吸收，所以热量交换可略，整个实验过程看成是等温操作。

2. 主要设备

（1）吸收塔　高效填料塔，塔径 100mm，塔内装有金属丝网波纹规整填料或 θ 环散装填料，填料层总高度 2000mm。塔顶有液体初始分布器，塔中部有液体再分布器，塔底部有栅板式填料支承装置。填料塔底部有液封装置，以避免气体泄漏。

（2）填料规格和特性　金属丝网波纹规整填料，型号 JWB-700Y，规格 ϕ100mm × 100mm，比表面积 700m²/m³。

（3）转子流量计　其参数见表 5-1。

表 5-1　转子流量计出厂标定参数表

介质	条件			
	常用流量	最小刻度	标定介质	标定条件
空气	4m³/h	0.5m³/h	空气	20℃ 1.0133×10⁵Pa
CO₂	2L/min	0.2L/min	CO₂	20℃ 1.0133×10⁵Pa
水	600L/h	20L/h	水	20℃ 1.0133×10⁵Pa

在本实验中提供了两种不同量程的玻璃转子流量计，使得气体的流量测量范围变大，实验更加准确。

（4）空气风机。

（5）二氧化碳钢瓶。

（6）气相色谱分析仪。

四、实验步骤与注意事项

1. 实验步骤

① 熟悉实验流程及弄清气相色谱仪及其配套仪器结构、原理、使用方法及其注意事项。

② 打开混合罐底部排空阀，排放掉空气混合贮罐中的冷凝水。

③ 打开仪表电源开关及空气压缩机电源开关，进行仪表自检。

④ 开启进水阀门，让纯净水进入填料塔润湿填料，仔细调节液体转子流量计，使其流量稳定在某一实验值。（塔底液封控制：仔细调节液体出口阀的开度，使塔底液位缓慢地在

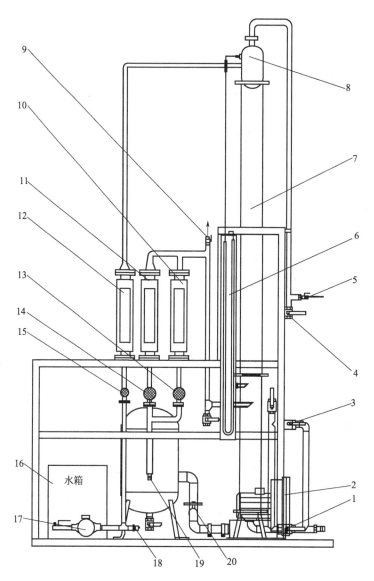

图 5-1 吸收装置流程图

1—液体出口阀 1；2—风机；3—液体出口阀 2；4—气体出口阀；5—出塔气体取样口；
6—U 形压差计；7—填料层；8—塔顶预分离器；9—进塔气体取样口；10—气体小流
量玻璃转子流量计（0.4～4m³/h）；11—气体大流量玻璃转子流量计（2.5～25m³/h）；
12—液体玻璃转子流量计（100～1000L/h）；13—气体进口闸阀 V_1；14—气体进口闸阀 V_2；
15—液体进口闸阀 V_3；16—水箱；17—水泵；18—液体进口温度检测点；
19—混合气体温度检测点；20—风机旁路阀

一段区间内变化，以免塔底液封过高溢出或过低而泄气）。

⑤ 启动风机，打开 CO_2 钢瓶总阀，并缓慢调节钢瓶的减压阀。

⑥ 仔细调节风机旁路阀门的开度（并调节 CO_2 转子流量计的流量，使其稳定在某一值）；建议气体流量 3～5m³/h；液体流量 0.6～0.8m³/h；CO_2 流量 2～3L/min。

⑦ 待塔操作稳定后，读取各流量计的读数及通过温度、压差计、压力表上读取各温度、塔顶塔底压差读数，通过六通阀在线进样，利用气相色谱仪分析出塔顶、塔底气体组成。

⑧ 实验完毕，依次关闭 CO_2 钢瓶和 CO_2 转子流量计、水转子流量计、气体出口阀门，再关闭水泵、风机电源开关（实验完成后我们一般先停止水的流量再停止气体流量，这样做的目的是为了防止液体从进气口倒压破坏管路及仪器），清理实验仪器和实验场地。

2. 注意事项

① 固定好操作点后，应随时注意调整以保持各量不变。

② 在填料塔操作条件改变后，需要有较长的稳定时间，一定要等到稳定以后方能读取有关数据。

③ 液封高度、气体流量、液体流量应根据实际操作条件而定。

④ 启动鼓风机前，应全开放空阀。

五、实验报告

1. 将原始数据列表。

2. 在双对数坐标纸上绘图表示二氧化碳解吸时体积传质系数、传质单元高度与气体流量的关系。

3. 列出实验结果与计算示例。

六、思考题

1. 本实验中，为什么塔底要有液封？液封高度如何计算？

2. 测定 K_{xa} 有什么工程意义？

3. 为什么二氧化碳吸收过程属于液膜控制？

4. 当气体温度和液体温度不同时，应用什么温度计算亨利系数？

5. 当提高填料吸收塔气体流量时，对 x_1、y_1 有何影响？

实验八　乙醇水溶液筛板塔精馏实验

一、实验目的

1. 了解筛板精馏塔及其附属设备的基本结构，掌握精馏过程的基本操作方法。

2. 了解板式塔，观察塔板上气液接触状况。

3. 掌握测定塔顶、塔釜溶液浓度的实验方法。

4. 掌握全回流、部分回流的工艺流程。

5. 掌握气相色谱的操作方法。

二、基本原理

精馏塔是实现液体混合物分离操作的气液传质设备，精馏塔可分为板式塔和填料塔。板式塔为气液两相在塔内逐板逆流接触分离设备。主要通过塔板数、板效率等参数来测定板式塔性能。

1. 全塔效率 E_T

全塔效率又称总板效率，是指达到指定分离效果所需的理论塔板数与实际塔板数的比值，即

$$E_T = \frac{N_T - 1}{N_P} \times 100\% \tag{5-5}$$

式中　N_T——完成一定分离任务所需的理论塔板数，包括蒸馏釜；

　　　N_P——完成一定分离任务所需的实际塔板数，本装置 $N_P = 10$。

全塔效率反映了全塔各塔板的平均分离效果，说明了塔板结构、物性系数、操作状况对塔分离能力的影响。对于塔内所需理论塔板数 N_T，可由已知的双组分物系平衡关系，以及实验中测得的塔顶、塔釜出液的组成，回流比 R 和热状况 q 等用图解法求得。

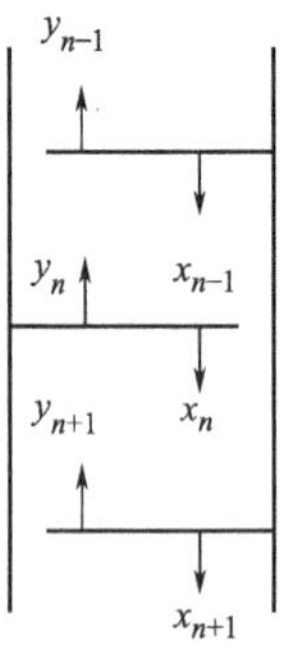

图 5-2　塔板气液
流向示意图

2. 单板效率 E_M

单板效率是指气相或液相经过一层实际塔板前后的组成变化值与经过一层理论塔板前后的组成变化值之比。单板效率是评价塔板性能优劣的重要数据。物系性质、板型及操作负荷是影响单板效率的重要因素。当物系与板型确定后，可以通过改变气液负荷来达到最高的板效率。

按气相组成变化表示的单板效率为

$$E_{MV} = \frac{y_n - y_{n+1}}{y_n^* - y_{n+1}} \tag{5-6}$$

按液相组成变化表示的单板效率为

$$E_{ML} = \frac{x_{n-1} - x_n}{x_{n-1} - x_n^*} \tag{5-7}$$

式中　y_n、y_{n+1}——离开第 n、$n+1$ 块塔板的气相组成（图 5-2），摩尔分数；

$\quad\quad x_{n-1}$、x_n——离开第 $n-1$、n 块塔板的液相组成（图 5-2），摩尔分数；

$\quad\quad y_n^*$——与 x_n 成平衡的气相组成，摩尔分数；

$\quad\quad x_n^*$——与 y_n 成平衡的液相组成，摩尔分数。

3. 图解法求理论塔板数 N_T

图解法又称麦卡勃-蒂列（McCabe-Thiele）法，简称 M-T 法，其原理与逐板计算法完全相同，只是将逐板计算过程在 y-x 图上直观地表示出来。

精馏段的操作线方程为：

$$y_{n+1} = \frac{R}{R+1}x_n + \frac{x_D}{R+1} \tag{5-8}$$

式中　y_{n+1}——精馏段第 $n+1$ 块塔板上升的蒸气组成，摩尔分数；

$\quad\quad x_n$——精馏段第 n 块塔板下流的液体组成，摩尔分数；

$\quad\quad x_D$——塔顶馏出液的液体组成，摩尔分数；

$\quad\quad R$——泡点回流下的回流比。

提馏段的操作线方程为：

$$y_{m+1} = \frac{L'}{L'-W}x_m - \frac{Wx_W}{L'-W} \tag{5-9}$$

式中　y_{m+1}——提馏段第 $m+1$ 块塔板上升的蒸汽组成，摩尔分数；

$\quad\quad x_m$——提馏段第 m 块塔板下流的液体组成，摩尔分数；

$\quad\quad x_W$——塔底釜液的液体组成，摩尔分数；

$\quad\quad L'$——提馏段内下流的液体量，kmol/s；

$\quad\quad W$——釜液流量，kmol/s。

加料线（q 线）方程可表示为：

$$y = \frac{q}{q-1}x - \frac{x_F}{q-1} \tag{5-10}$$

其中，
$$q = 1 + \frac{c_{pF}(t_S - t_F)}{r_F} \tag{5-11}$$

式中　q——进料热状况参数；

　　　r_F——进料液组成下的汽化潜热，kJ/kmol；

　　　t_S——进料液的泡点温度，℃；

　　　t_F——进料液温度，℃；

　　　c_{pF}——进料液在平均温度 $(t_S - t_F)/2$ 下的比热容，kJ/(kmol·℃)；

　　　x_F——进料液组成，摩尔分数。

回流比 R 的确定：

$$R = \frac{L}{D} \tag{5-12}$$

式中　L——回流液量，kmol/s；

　　　D——馏出液量，kmol/s。

式(5-12) 只适用于泡点下回流时的情况，而实际操作时为了保证上升气流能完全冷凝，冷却水量一般都比较大，回流液温度往往低于泡点温度，即冷液回流。

如图 5-3 所示，从全凝器出来的温度为 t_R、流量为 L 的液体回流进入塔顶第一块板，由于回流温度 t_R 低于第一块塔板上的液相温度 t_{1L}，离开第一块塔板的一部分上升蒸汽将被冷凝成液体，这样，塔内的实际流量将大于塔外回流量。

对第一块塔板做物料、热量衡算：

$$V_1 + L_1 = V_2 + L \tag{5-13}$$

$$V_1 I_{V_1} + L_1 I_{L_1} = V_2 I_{V_2} + L I_L \tag{5-14}$$

对式(5-13)、式(5-14) 整理、化简后，近似可得：

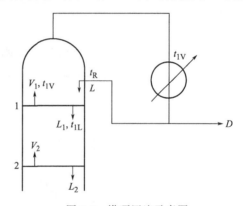

图 5-3　塔顶回流示意图

$$L_1 \approx L\left[1 + \frac{c_p(t_{1L} - t_R)}{r}\right] \tag{5-15}$$

即实际回流比：

$$R_1 = \frac{L_1}{D} \tag{5-16}$$

$$= \frac{L\left[1 + \dfrac{c_p(t_{1L} - t_R)}{r}\right]}{D} \tag{5-17}$$

式中　　　V_1、V_2——离开第 1、2 块塔板的气相摩尔流量，kmol/s；

　　　　　L_1——塔内实际液流量，kmol/s；

I_{V_1}、I_{V_2}、I_{L_1}、I_L——对应 V_1、V_2、L_1、L 下的焓值，kJ/kmol；

　　　　　r——回流液组成下的汽化潜热，kJ/kmol；

　　　　　c_p——回流液在 t_{1L} 与 t_R 平均温度下的平均比热容，kJ/(kmol·℃)。

（1）全回流操作　在精馏全回流操作时，操作线在 y-x 图上为对角线，如图 5-4 所示，根据塔顶、塔釜的组成在操作线和平衡线间作梯级，即可得到理论塔板数。

（2）部分回流操作　部分回流操作时，如图 5-5，图解法的主要步骤为：

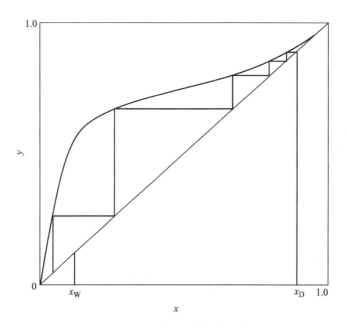

图 5-4　全回流时理论塔板数的确定

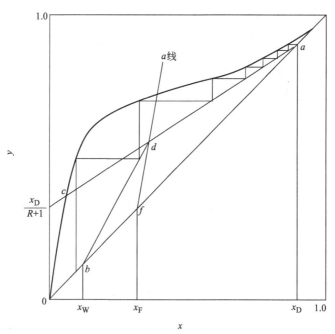

图 5-5　部分回流时理论板数的确定

① 根据物系和操作压力在 y-x 图上作出相平衡曲线，并画出对角线作为辅助线；

② 在 x 轴上定出 $x = x_D$、x_F、x_W 三点，依次通过这三点作垂线分别交对角线于点 a、f、b；

③ 在 y 轴上定出 $y_C = x_D/(R+1)$ 的点 c，连接 a、c 作出精馏段操作线；

④ 由进料热状况求出 q 线的斜率 $q/(q-1)$，过点 f 作出 q 线交精馏段操作线于点 d；

⑤ 连接点 d、b 作出提馏段操作线；

⑥ 从点 a 开始在平衡线和精馏段操作线之间画阶梯，当梯级跨过点 d 时，就改在平衡

线和提馏段操作线之间画阶梯,直至梯级跨过点 b 为止;

⑦ 所画的总阶梯数就是全塔所需的理论塔板数(包含再沸器),跨过点 d 的那块塔板就是加料板,其上的阶梯数为精馏段的理论塔板数。

三、实验装置和流程

本实验装置的主体设备是筛板精馏塔,配套的有加料系统、回流系统、产品出料管路、残液出料管路、进料泵和一些测量、控制仪表。

筛板塔主要结构参数:塔内径 $D=68mm$,厚度 $\delta=2mm$,塔节 $\phi76mm\times4mm$,塔板数 $N=10$ 块,板间距 $H_T=100mm$。加料位置由上向下起数第 6 块和第 8 块。降液管采用弓形,齿形堰,堰长 56mm,堰高 7.3mm,齿深 4.6mm,齿数 9 个。降液管底隙 4.5mm。筛孔直径 $d_0=1.5mm$,正三角形排列,孔间距 $t=5mm$,开孔数为 74 个。塔釜为内电加热式,加热功率 2.5kW,有效容积为 10L。塔顶冷凝器、塔釜换热器均为盘管式。单板取样为自下而上第一块和第十块,斜向上为液相取样口,水平管为气相取样口。

本实验料液为乙醇溶液,从高位槽利用位差流入塔内,釜内液体由电加热器产生蒸汽逐板上升,经与各板上的液体传质后,进入盘管式换热器壳程,冷凝成液体后再从集液器流出,一部分作为回流液从塔顶流入塔内,另一部分作为产品馏出,进入产品贮罐;残液经釜液转子流量计流入釜液贮罐。精馏过程如图 5-6 所示。

四、实验步骤与注意事项

1. 实验步骤

(1)全回流

① 配制浓度 $15\%\sim20\%$(酒精的体积百分比)的料液打入釜中,至釜容积的 2/3 处。

② 检查各阀门位置,关闭塔身进料阀。启动电加热管电源,使塔釜温度缓慢上升(因塔中部玻璃部分较为脆弱,若加热过快玻璃极易碎裂,使整个精馏塔报废,故升温过程应尽可能缓慢)。

③ 打开塔顶冷凝器的冷却水,调节合适冷凝量,并关闭塔顶出料管路和料液进料管路,使整塔处于全回流状态。

④ 当塔顶温度、回流量和塔釜温度稳定后,分别取塔顶浓度 x_D 和塔釜浓度 x_W,送色谱分析仪分析。

(2)部分回流

① 在储料罐中配制一定浓度的酒精-水溶液($15\%\sim20\%$)。

② 待塔全回流操作稳定时,打开进料阀,调节进料量至适当的流量。

③ 控制塔顶回流和出料两转子流量计,调节回流比 $R(R=1\sim4)$。

④ 当塔顶、塔内温度读数稳定后即可取样。

(3)取样与分析

① 进料、塔顶、塔釜从各相应的取样阀放出。

② 塔板取样用注射器从所测定的塔板中缓缓抽出,取 1mL 左右注入事先洗净烘干的针剂瓶中,并给该瓶盖标号以免出错,各个样品尽可能同时取样。

③ 将样品进行色谱分析。

2. 注意事项

① 塔顶放空阀一定要打开,否则容易因塔内压力过大导致危险。

② 料液一定要加到设定液位 2/3 处方可打开加热管电源,否则塔釜液位过低会使电加热丝露出干烧致坏。

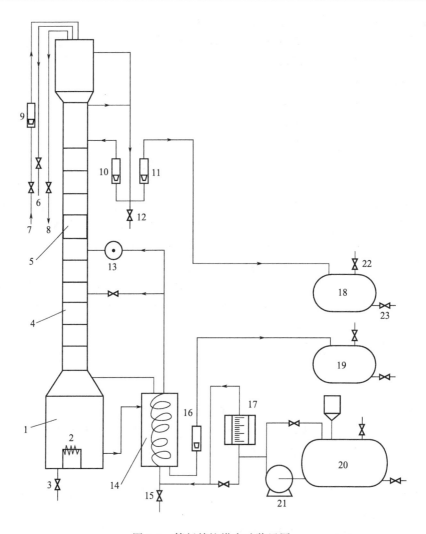

图 5-6 筛板精馏塔实验装置图

1—塔釜；2—电加热器；3—塔釜排液口；4—塔节；5—玻璃视镜；6—不凝性气体出口；7—冷却水进口；
8—冷却水出口；9—冷却水流量计；10—塔顶回流流量计；11—塔顶出料液流量计；12—塔顶出料取样口；
13—进料阀（电磁阀）；14—换热器；15—进料液取样口；16—塔釜残液流量计；17—进料液流量计；
18—产品罐；19—残液罐；20—原料罐；21—进料泵；22—排空阀；23—排液阀

③ 开车时先开冷却水，再向塔釜供热；停车时则反之。

五、实验报告

1. 将塔顶、塔底温度和组成，以及各流量计读数等原始数据列表。

2. 按全回流和部分回流分别用图解法计算理论板数。

3. 计算全塔效率和单板效率。

4. 画出精馏塔在全回流和部分回流、稳定操作条件下，塔体内温度和浓度沿塔高的分布曲线。

5. 分析并讨论实验过程中观察到的现象。

六、思考题

1. 测定全回流和部分回流总板效率与单板效率时各需测几个参数？取样位置在何处？

2. 全回流时测得板式塔上第 n、$n-1$ 层液相组成后，如何求得 x_n^*，部分回流时，又如

何求 x_n^* ？

3. 在全回流时，测得板式塔上第 n、$n-1$ 层液相组成后，能否求出第 n 层塔板上的以气相组成变化表示的单板效率？

4. 在精馏塔中，维持连续、稳定操作的条件有哪些？

5. 操作中增加回流比的方法是什么？是否采用减少塔顶出料量 D 的方法来增加回流比？

6. 查取进料液的汽化潜热时定性温度取何值？

7. 若测得单板效率超过 100%，作何解释？

8. 在部分回流操作时，你是如何根据全回流的数据，选择一个合适的回流比和进口位置的？

9. 在精馏塔操作过程中，由于塔顶采出率太高而造成产品不合格，要使生产恢复正常，最快、最有效的方法是什么？

10. 精馏塔的常压操作是怎样实现的？如果要改为加压或减压操作，又怎样实现？

11. 试分析实验结果成功或失败的原因，提出改进意见。

实验九　乙醇正丙醇填料塔精馏实验

一、实验目的

1. 了解填料精馏塔及其附属设备的基本结构，掌握精馏过程的基本操作方法。

2. 掌握测定塔顶、塔釜溶液浓度的实验方法。

3. 掌握保持其他条件不变下调节回流比的方法和回流比对精馏塔分离效率的影响。

4. 掌握用图解法求取理论板数的方法和计算等板高度（HETP）。

二、基本原理

精馏塔是实现液体混合物分离操作的气液传质设备，精馏塔可分为板式塔和填料塔。板式塔为气液两相在塔内逐板逆流接触，而填料塔气液两相在塔内沿填料层高度连续微分逆流接触。填料是填料塔的主要构件，填料可分为散装填料和规整填料，散装填料如：拉西环、鲍尔环、阶梯环、弧鞍形填料、矩鞍形填料、θ 网环等；规整填料有板波纹填料、金属丝网波纹填料等。

填料塔属连续接触式传质设备，填料精馏塔与板式精馏塔的不同之处在于塔内气液相浓度前者呈连续变化，后者呈逐级变化。等板高度（HETP）是衡量填料精馏塔分离效果的一个关键参数，等板高度越小，填料层的传质分离效果就越好。

填料塔内气液两相传质过程十分复杂，影响因素很多，包括填料特性、气液两相接触状况及两相的物性等。在完成一定分离任务条件下确定填料塔内的填料层高度时，往往需要直接的实验数据或选用填料种类、操作条件及分离体系相近的经验公式进行填料层高度的计算。确定填料层高度有两种方法：

1. 传质单元法

填料层高度＝传质单元高度×传质单元数

$$Z = H_{OL} N_{OL} = \frac{L}{K_X a\Omega} \int_{x_2}^{x_1} \frac{\mathrm{d}X}{X^* - X} \tag{5-18}$$

或：
$$Z = H_{OG} N_{OG} = \frac{V}{K_Y a\Omega} \int_{Y_2}^{Y_1} \frac{\mathrm{d}Y}{Y^* - Y} \tag{5-19}$$

由于填料塔按其传质机理是气液两相的组成沿填料层呈连续变化，而不是阶梯式变化，用传质单元法计算填料层高度最为合适，广泛应用于吸收、解吸、萃取等填料塔的设计计算。

2. 等板高度（HETP）

在精馏过程计算中，一般都用理论板数来表达分离的效果，因此习惯用等板高度法计算填料精馏塔的填料层高度。

$$Z = \text{HETP} \times N_\text{T} \tag{5-20}$$

式中　　Z——填料层高度，m；

　　　　N_T——理论塔板数；

　　HETP——等板高度，m。

等板高度 HETP 指与一层理论塔板的传质作用相当的填料层高度，表示分离效果相当于一块理论板的填料层高度，又称为当量高度，单位为 m。进行填料塔设计时，由于 HETP 的大小，不仅取决于填料的类型、材质与尺寸，而且受系统物性、操作条件及塔设备尺寸的影响。因此，选定填料的 HETP 无从查找，一般通过实验直接测定。对于二元组分的混合液，在全回流操作条件下，待精馏过程达到稳定后，从塔顶、塔釜分别取样测得样品的组成，用芬斯克（Fenske）方程或在 x-y 图上作全回流时的理论板数。

3. 图解法

对于双组分体系，根据其物料关系 x_n，通过实验测得塔顶组成 x_D、塔釜组成 x_W、进料组成 x_F 及进料热状况 q、回流比 R 和填料层高度 Z 等有关参数，用图解法求得其理论板 N_T 后，即可用下式确定：

$$\text{HETP} = Z / N_\text{T} \tag{5-21}$$

理论板数计算方法参考板式精馏塔实验全回流和部分回流时的理论板数计算方法。

4. 芬斯克方程

$$N_\text{min} + 1 = \frac{\lg\left[\left(\dfrac{X_\text{A}}{X_\text{B}}\right)_\text{D}\left(\dfrac{X_\text{B}}{X_\text{A}}\right)_\text{W}\right]}{\lg\bar{\alpha}} \tag{5-22}$$

式中　　N_min——全回流时的理论板数；

　　$\left(\dfrac{X_\text{A}}{X_\text{B}}\right)_\text{D}$——塔顶易挥发组分与难挥发组分的摩尔比；

　　$\left(\dfrac{X_\text{B}}{X_\text{A}}\right)_\text{W}$——塔底难挥发组分与易挥发组分的摩尔比；

　　$\bar{\alpha}$——全塔的平均相对挥发度，当 α 变化不大时，$\bar{\alpha} = \sqrt{\alpha_顶\,\alpha_釜}$。

在部分回流的精馏操作中，可由芬斯克方程和吉利兰图，或在 x-y 图上作梯级求出理论板数。

理论板数确定后，根据实测的填料层高度，求出填料的等板高度，即：

$$填料等板高度\ \text{HETP} = \frac{实测填料层高度\ Z}{理论板数\ N_\text{T}} \tag{5-23}$$

三、实验装置与流程

本实验装置的主体设备是填料精馏塔，配套的有加料系统、回流系统、产品出料管路、残液出料管路、进料泵和一些测量、控制仪表。

本实验料液为乙醇-正丙醇溶液，由进料泵打入塔内，釜内液体由电加热器加热汽化，经填料层内填料完成传质传热过程，进入盘管式换热器管程，壳层的冷却水全部冷凝成液体，再从集液器流出，一部分作为回流液从塔顶流入塔内，另一部分作为产品馏出，进入产品贮罐；残液经釜液转子流量计流入釜液贮罐。精馏过程如图 5-7 所示。

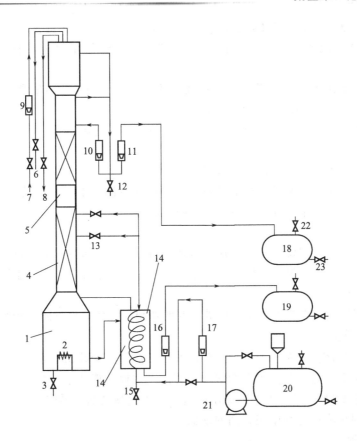

图 5-7　填料精馏塔实验装置图

1—塔釜；2—加热管；3—塔釜取样口；4—θ环填料；5—玻璃视镜；6—不凝性气体出口；
7—冷却水进口；8—冷却水出口；9—冷却水流量计；10—塔顶回流流量计；11—塔顶出
料液流量计；12—塔顶出料取样口；13—进料阀；14—换热器；15—进料液取样口；
16—塔釜残液流量计；17—进料液流量计；18—产品罐；19—残液罐；20—原料罐；
21—进料泵；22—排空阀；23—排液阀

填料精馏塔主要结构参数：塔内径 $D=68\text{mm}$，塔内填料层总高 $Z=2\text{m}$（乱堆），填料为 θ 环。进料位置距填料层顶面 1.2m 处。塔釜为内电加热式，加热功率 4.5kW，有效容积为 9.8L。塔顶冷凝器为盘管式换热器。

四、实验步骤

本实验的主要操作步骤如下：

1. 全回流

（1）在料液罐中配制浓度乙醇含量为 15%～20%（摩尔含量）乙醇-正丙醇料液，由进料泵打入塔釜中，至釜容积的 2/3 处，进料液浓度以进料泵运行后取样分析为准。

（2）检查各阀门位置处于关闭状态，启动电加热管电源，使塔釜温度缓慢上升。打开冷却水进出口阀门，通过水进口处转子流量计调，使放空阀中液滴间断性地下落即可。建议冷却水流量为 40～60m³/h 左右，过大则使塔顶蒸汽冷凝液溢流回塔内，过小则使塔顶蒸汽由放空阀直接大量溢出。加热过程中可观察到玻璃视镜中有液体下流。

（3）当塔顶温度、回流量和塔釜温度稳定后，分别取塔顶出料液和塔釜残液，分析样品浓度塔顶浓度 X_D 和塔釜浓度 X_W。

2. 部分回流

（1）在储料罐中配制一定浓度的乙醇-正丙醇料液（约 15%～20%）。

（2）待塔全回流操作稳定时，打开进料阀，调节进料量至适当的流量，建议 10～16L/h。

（3）启动回流比控制器电源，设定回流比 $R(R=1～4)$，调节塔顶回流液流量，建议 6～8L/h，打开塔釜回流转子流量计阀门。

（4）当塔顶、塔釜温度读数稳定，各转子流量计读数稳定后即可取样。

3. 取样与分析

（1）进料、塔顶、塔釜从各相应的取样阀放出。

（2）取样前应先放空取样管路中残液，再用取样液润洗试管，最后取 10mL 左右样品，盖上盖子并标号以免出错，各个样品尽可能同时取样。

4. 注意事项

（1）塔顶放空阀一定要打开，否则容易因塔内压力过大影响实验进行。

（2）料液一定要加到设定液位 2/3 处方可打开加热管电源，否则塔釜液位过低会使电加热丝露出干烧致坏。

（3）实验完毕后应先关加热器，待塔内温度降到常温后，再关闭冷却水。

五、实验报告

1. 将塔顶、塔底温度和组成，以及各流量计读数等原始数据列表。

2. 按全回流和部分回流分别用图解法和芬斯克方程计算理论板数。

3. 计算等板高度（HETP），并做出回流比与等板高度的关系图。

4. 分析并讨论实验过程中观察到的现象。

六、思考题

1. 如何用直接实验法测定填料层等板高度？测定 HETP 有何意义？

2. 填料润湿性能与传质效率有何关系？实验时采用怎样方法保证填料的润湿性。

3. 欲知全回流与部分回流时的等板高度，各需测取哪几个参数？取样位置应在何处？

4. 分析实验结果成功或失败的原因，提出改进意见。

实验十　液液萃取塔实验

一、实验目的

1. 了解转盘萃取塔的基本结构、操作方法及萃取的工艺流程。

2. 了解萃取操作的主要影响因素和萃取操作条件对萃取过程的影响。

3. 掌握萃取高度的传质单元数 N_{OR}、传质单元高度 H_{OR} 和萃取率 η 的实验测法。

二、基本原理

萃取是分离和提纯物质的重要单元操作之一，是利用混合物中各个组分在外加溶剂中的溶解度的差异而实现组分分离的单元操作。使用转盘塔进行液-液萃取操作时，两种液体在塔内做逆流流动，其中一相液体作为分散相，以液滴形式通过另一种连续相液体，两种液相的浓度则在设备内做微分式的连续变化，并依靠密度差在塔的两端实现两液相间的分离。当轻相作为分散相时，相界面出现在塔的上端；反之，当重相作为分散相时，则相界面出现在塔的下端。

1. 传质单元法的计算

计算微分逆流萃取塔的塔高时，主要是采取传质单元法。即以传质单元数和传质单元高度来表征，传质单元数表示过程分离程度的难易，传质单元高度表示设备传质性能的好坏。

$$H = H_{OR} N_{OR} \tag{5-24}$$

式中　H——萃取塔的有效接触高度，m；

　　　H_{OR}——以萃余相为基准的总传质单元高度，m；

　　　N_{OR}——以萃余相为基准的总传质单元数，无因次。

按定义，N_{OR}计算式为

$$N_{OR} = \int_{X_R}^{X_F} \frac{\mathrm{d}X}{X - X^*} \tag{5-25}$$

式中　X_F——原料液的组成，kgA/kgS；

　　　X_R——萃余相的组成，kgA/kgS；

　　　X——塔内某截面处萃余相的组成，kgA/kgS；

　　　X^*——塔内某截面处与萃取相平衡时的萃余相组成，kgA/kgS。

当萃余相浓度较低时，平衡曲线可近似为过原点的直线，操作线也简化为直线处理，如图 5-8 所示。

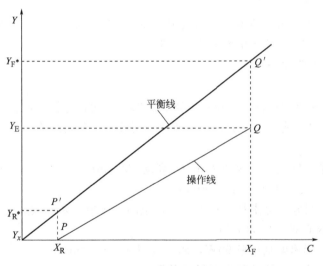

图 5-8　萃取平均推动力计算示意图

则积分式(5-25) 得

$$N_{OR} = \frac{X_F - X_R}{\Delta X_m} \tag{5-26}$$

其中，ΔX_m 为传质过程的平均推动力，在操作线、平衡线作直线近似的条件下为

$$\Delta X_m = \frac{(X_F - X^*) - (X_R - 0)}{\ln \dfrac{X_F - X^*}{X_R - 0}} = \frac{(X_F - Y_E/k) - X_R}{\ln \dfrac{X_F - Y_E/k}{X_R}} \tag{5-27}$$

式中　k——分配系数，例如对于本实验的煤油苯甲酸相-水相，$k=2.26$；

　　　Y_E——萃取相的组成，kgA/kgS。

对于 X_F、X_R 和 Y_E，分别在实验中通过取样滴定分析而得，Y_E 也可通过如下的物料衡算而得

$$F+S=E+R$$
$$FX_F+S \cdot 0=EY_E+RX_R \tag{5-28}$$

式中　F——原料液流量，kg/h；

　　　S——萃取剂流量，kg/h；

　　　E——萃取相流量，kg/h；

　　　R——萃余相流量，kg/h。

对稀溶液的萃取过程，因为 $F=R$，$S=E$，所以有

$$Y_E=\frac{F}{S}(X_F-X_R) \tag{5-29}$$

2. 萃取率的计算

萃取率 η 为被萃取剂萃取的组分 A 的量与原料液中组分 A 的量之比

$$\eta=\frac{FX_F-RX_R}{FX_F} \tag{5-30}$$

对稀溶液的萃取过程，因为 $F=R$，所以有

$$\eta=\frac{X_F-X_R}{X_F} \tag{5-31}$$

3. 组成浓度的测定

对于煤油苯甲酸相-水相体系，采用酸碱中和滴定的方法测定进料液组成 X_F、萃余液组成 X_R 和萃取液组成 Y_E，即苯甲酸的质量分数。

三、实验装置与流程

1. 主要配置

玻璃萃取塔、转盘内构件、不锈钢管路、原料液贮槽、重相贮槽、轻相贮槽、金属转子流量计、法兰、阀门、输送泵、加料泵、转速控制装置、转动结构、不锈钢控制屏及台架。

2. 技术参数

① 石英玻璃萃取塔直径：内径 75mm，高度 1300mm。

② 转盘数：16 块，动静环间距 26mm。

③ 输送泵、加料泵：分别将两相液体输送至高位槽中，采用微型磁力泵。

④ 流量传感器范围：2～50L/h。

⑤ 转动机构：调速电机功率 90W，调速范围 0～500r/min。

⑥ 控制屏面：流量、转动频率的显示及调节。

⑦ 外形尺寸：1150mm×500mm×1800mm 带活动双刹轮。

⑧ 框架为不锈钢，结构紧凑，外形美观，流程简单，操作方便。框架、容器、管道材质为 304 不锈钢。

本实验装置流程及其参数见图 5-9 和表 5-2。

表 5-2　转盘萃取塔参数

塔内径	塔高	传质区高度	动静环间距
75mm	1300mm	750mm	26mm

本装置操作时应先在塔内灌满连续相——水，然后加入分散相——煤油（含有饱和苯甲酸），待分散相在塔顶凝聚一定厚度的液层后，通过连续相的Ⅱ管闸阀调节两相的界面于一定高度，对于本装置采用的实验物料体系，凝聚是在塔的上端中进行（塔的下端也设有凝聚段）。本装置外加能量的输入，可通过直流调速器来调节中心轴的转速。

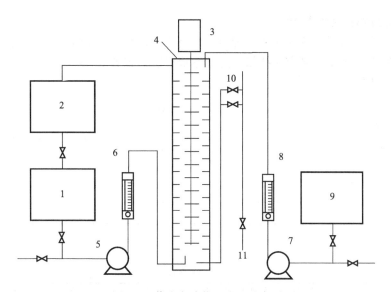

图 5-9　萃取实验装置流程示意图

1—轻相槽；2—萃余相槽（回收槽）；3—电机搅拌系统；4—萃取塔；5—轻相泵；

6—轻相流量计；7—重相泵；8—重相流量计；9—重相槽；

10—Ⅱ管闸阀；11—萃取相出口

四、实验步骤

1. 将煤油配制成含苯甲酸的混合物（配制成饱和或近饱和），然后把它灌入轻相槽内。注意：勿直接在槽内配置饱和溶液，防止固体颗粒堵塞煤油输送泵的入口。

2. 接通水管，将水灌入重相槽内，用磁力泵将它送入萃取塔内。注意：磁力泵切不可空载运行。

3. 通过调节转速来控制外加能量的大小，在操作时转速逐步加大，中间会跨越一个临界转速（共振点），一般实验转速可取 400r/min。

4. 水在萃取塔内搅拌流动，并连续运行 5min 后，开启分散相——煤油管路，调节两相的体积流量一般在 8～16L/h 范围内。（在进行数据计算时，对煤油转子流量计测得的数据要校正，即煤油的实际流量应为 $V_{校}=\sqrt{\dfrac{1000}{800}}V_{测}$，其中 $V_{测}$ 为煤油流量计上的显示值。）

5. 待分散相在塔顶凝聚一定厚度的液层后，再通过连续相出口管路中Ⅱ形管上的阀门开度来调节两相界面高度，操作中应维持上集液板中两相界面的恒定。

6. 通过改变转速来分别测取效率 η 或 H_{OR} 从而判断外加能量对萃取过程的影响。

7. 取样分析。本实验采用酸碱中和滴定的方法测定进料液组成 x_F、萃余液组成 x_R 和萃取液组成 y_E，即苯甲酸的质量分率，具体步骤如下：

（1）用移液管量取待测样品 25mL，加 1～2 滴溴百里酚蓝指示剂；

（2）用 KOH-CH$_3$OH 溶液滴定至终点，则所测质量浓度为

$$x=\frac{N\times\Delta V\times 122.12}{25\times 0.8}\times 100\%\qquad(5\text{-}32)$$

式中　N——KOH-CH$_3$OH 溶液的当量浓度，mol/mL；

　　　ΔV——滴定用去的 KOH-CH$_3$OH 溶液体积量，mL。

苯甲酸的相对分子质量为 122.12，煤油密度为 0.8g/mL，样品量为 25mL。

（3）萃取相组成 y_E 也可按式(5-29)计算得到。

五、实验数据处理与分析

1. 计算不同转速下的萃取效率，传质单元高度。所用各数据见表5-3、表5-4。
2. 以煤油为分散相，水为连续相，进行萃取过程的操作。

实验数据记录：

表 5-3 实验数据原始记录表

氢氧化钾的浓度＝　　　　　mol/mL

编号	重相流量/(L/h)	轻相流量/(L/h)	转速/(r/min)	ΔV_F/mL(KOH)	ΔV_R/mL(KOH)	ΔV_S/mL(KOH)
1						
2						
3						

数据处理表：

表 5-4 实验数据处理表

编号	转速 n /(r/min)	萃余相浓度 x_R	萃取相浓度 y_E	平均推动力 Δx_m	传质单元高度 H_{OR}	传质单元数 N_{OR}	效率 η
1							
2							
3							

六、思考题

1. 液-液萃取设备与气-液传质设备主要有何区别？
2. 对液-液萃取过程来说，是否外加能量越大越有利？
3. 什么是萃取塔的液泛？在操作中如何确定液泛速度？
4. 为什么不宜用水作为分散相，若水作为分散相操作步骤如何？

实验十一　膜分离法制备高纯水实验

一、实验目的

1. 熟悉反渗透法制备超纯水的工艺流程。
2. 掌握反渗透膜分离的操作技能。
3. 了解测定反渗透膜分离的主要工艺参数。

二、基本原理

工业化应用的膜分离包括微滤（MF）、超滤（UF）、纳滤（NF）、反渗透（RO）、渗透汽化（PV）和气体分离（GS）等。根据不同的分离对象和要求，选用不同的膜过程。反渗透是借助外加压力的作用使溶液中的溶剂透过半透膜而阻留某些溶质，反渗透技术具有无相变、组件化、流程简单等特点。反渗透净水是以压力为推动力，利用反渗透膜只能透过水而不能透过溶质的选择透过性，从含有多种无机物、有机物和微生物的水体中，提取纯净水的物质分离过程。其原理图如下：

图 5-10(a) 所示，半透膜将纯水与咸水分开，水分子将从纯水一侧通过膜向咸水一侧透过，结果使咸水一侧的液位上升，直到某一高度，即渗透过程。

图 5-10(b) 所示，当渗透达到动态平衡状态时，半透膜两侧存在一定的水位差或压力差，此为在此温度下溶液的渗透压 N。

图 5-10(c) 所示，当咸水一侧施加的压力 p 大于该溶液的渗透压 N，可迫使渗透反向，实现反渗透过程。此时，在高于渗透压的压力作用下，咸水中水的化学位升高，超过纯水的化学位，水分子从咸水一侧反向地通过膜透过到纯水一侧，使咸水得到淡化，这就是反渗透脱盐的基本原理。

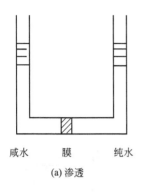

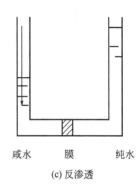

咸水　膜　纯水	咸水　膜　纯水	咸水　膜　纯水
(a) 渗透	(b) 平衡	(c) 反渗透

图 5-10　膜分离原理图

膜的性能是指膜的物化稳定性和膜的分离透过性，膜的物化稳定性的主要指标是：膜材料，膜允许使用的最高压力、温度范围、适用的 pH 范围，以及对有机溶剂等化学药品的抵抗性等。膜的分离透过性指在特定的溶液系统和操作条件下，脱盐率、产水流量和流量衰减指数。

三、实验装置

1. 设备的特点

本装置将两组反渗透卷式膜组件串联于系统，并有离子混合树脂交换柱，可用于制备高纯水。膜组件性能见表 5-5。

表 5-5　膜组件性能

膜组件	规格	纯水通量	面积	压力范围	分离性能
反渗透	2521	10-40L/H	1.1m^2	≤1.5MPa	除盐率98％

2. 工艺流程（图 5-11）

四、实验步骤

1. 开启房间自然水总阀；

2. 接通自来水；

3. 开泵；

4. 系统稳定约 20min，出口水质基本稳定（出水电阻率不低于 $5\mu S$，数据不一定标准），记录纯水电阻值，同时记录浓缩液、透过液流量，计算回收率；

5. 在 $0.3\sim0.7$MPa 内改变膜出口阀门开度，调节系统操作压力；

6. 待系统稳定后，记录不同压力下纯水电阻值，浓缩液、透过液流量；

7. 开启离子交换树脂，制备超纯水，出水电导值不低于 $7M\Omega \cdot cm$，最好达到 $10M\Omega \cdot cm$；

8. 停车时，先关闭输液泵及总电源，随后关闭自来水进水。

注意事项：

泵启动时，请注意泵前管道充满流体，以防损坏。如发生上述情况，请立即切断电源。

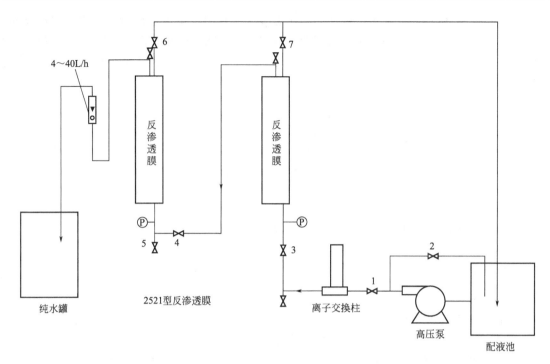

图 5-11　反渗透制纯水实验装置流程图

五、实验数据处理与分析

实验数据原始记录表见表 5-6、表 5-7。

表 5-6　实验数据原始记录表

室温：_____　　原料水电导率：_____　　操作压力：_____MPa

实验序号	透过液流量 Q_t/(mL/s)	出口纯水电阻/(μS·cm)
1		
2		
3		

回收率＝透过液流量/(透过液流量＋浓缩液流量)＝$Q_t/(Q_b+Q_t)$

表 5-7　实验数据原始记录表

室温：_____　　原料水电导率：_____

实验序号	操作压力/MPa	透过液流量/(mL/s)	出口纯水电阻/(MΩ·cm)	单位膜面积透过物量 J_w/[mL/(m²·s)]
1				
2				
3				

$J_w=V/(S\times t)$，V 是膜的透过液体积，S 是膜的有效面积，t 是运行时间，2521 型反渗透膜的有效面积是 1.1m²，由于两层膜所以 $J_w=2V/(S\times t)$。

注意：1. 实验中浓缩液的流量是通过量筒测量的，由于其流速过大，导致在记录其流量大小时的人为误差较大，使实验结果不准确；

2. 表 5-7 的数据，出口纯水的电阻呈下降趋势，表明反渗透膜的工作压力，有一定的范围，超过这个范围反渗透作用反而会受到负面影响；

　　3. 在调整阀门口开度时，要注意一下不能开太大，否则会导致压力超过反渗透膜的限度而使膜被破坏；

　　4. 根据图 5-10，可以知道单位膜面积的透过物量随着压力的增大而增大。

　　5. 误差分析：

　　① 仪器本身存在的误差；

　　② 读数时存在视觉误差；

　　③ 渗透膜的性能不够好；

　　④ 数据处理时，有效值的取值存在误差。

六、思考题

　　1. 结合反渗透脱盐与离子交换技术，说明本工艺的优点？

　　2. 反渗透膜是耗材，膜组件受污染后有哪些特征？

第六章 化工原理创新研究实验

本章是在学生掌握了基础化工单元操作实验技能的基础上，需要进一步融合组装各种单元操作，实现化工生产过程，了解真正化工工艺过程，因此，开设创新研究实验。通过本章的学习，帮助同学进一步树立工程观念，培养学生严谨的科学态度，培养学生的节能环保意识，培养学生团结协作的精神，培养学生安全生产、严格遵守操作规程的职业意识。

实验十二　超临界萃取实验

一、实验目的

1. 通过实验了解超临界 CO_2 萃取的原理和特点；

2. 熟悉超临界萃取设备的构造，掌握超临界 CO_2 萃取的操作方法。

二、实验原理

每个纯物质都有自己确定的三相点。根据相律，当纯物质的气-液-固三相共存时，确定系统状态的自由度为零。将纯物质沿气-液饱和曲线改变温度和压力，当达到图中 C 点时体系的性质变得均一，不再分为液体和气体，故 C 点称为临界点。与该点相对应的温度和压力分别称为临界温度（T_c）和临界压力（p_c），图 6-1 中高于临界温度和临界压力的有阴影线的区域属于超临界流体状态。超临界流体状态的性质有别于通常所称的气体和液体状态，因此此状态称为流体状态。

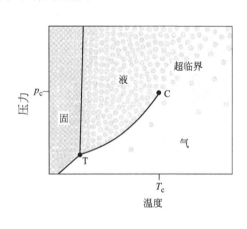
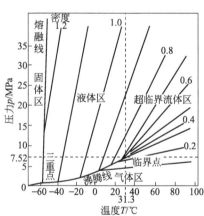

图 6-1　纯流体的压力-温度图

超临界流体萃取分离过程是利用超临界流体的溶解能力与其密度的关系，即利用压力和温度对超临界流体溶解能力的影响而进行的。当气体处于超临界状态时，成为性质介于液体和气体之间的单一相态，具有和液体相近的密度，黏度虽高于气体但明显低于液体，扩散系数为液体的 $10\sim100$ 倍；因此对物料有较好的渗透性和较强的溶解能力，能够将物料中某些成分提取出来。

在超临界状态下，将超临界流体与待分离的物质接触，使其有选择性地依次把极性大小、沸点高低和分子量大小的成分萃取出来。并且超临界流体的密度和介电常数随着密闭体系压力的增加而增加，极性增大，利用程序升压可将不同极性的成分进行分步提取。当然，对应各压力范围所得到的萃取物不可能是单一的，但可以通过控制条件得到最佳比例的混合成分，然后借助减压、升温的方法使超临界流体变成普通气体，被萃取物质则自动完全或基本析出，从而达到分离提纯的目的，并将萃取分离两过程合为一体，这就是超临界流体萃取分离的基本原理。

CO_2 的临界温度（$T_c=31.3℃$）、临界压力（$p_c=7.52MPa$）也比较适中。特别应该指出的是，CO_2 的临界密度常在超临界溶剂中较高的。由于超临界流体的溶解能力一般随流体密度的增加而增加，可见 CO_2 具有最适合作为超临界溶剂的临界点数据。超临界萃取选择了 CO_2 介质作为超临界萃取剂，可以实现萃取和分离合二为一。当饱含溶解物的二氧化碳超临界流体流经分离器时，由于压力下降使得 CO_2 与萃取物迅速成为两相（气液分离）而立即分开，不存在物料的相变过程，不需回收溶剂，操作方便；不仅萃取效率高，而且能耗较少，节约成本。萃取温度低，CO_2 的临界温度为 $31.3℃$，临界压力为 $7.52MPa$，可以有效地防止热敏性成分的氧化和逸散，完整保留生物活性，而且能把高沸点、低挥发度、易热解的物质在其沸点温度以下萃取出来。CO_2 流体常态下是气体，无毒，与萃取成分分离后，完全没有溶剂的残留，有效地避免了传统提取条件下溶剂毒性的残留。同时也防止了提取过程对人体的毒害和对环境的污染，100% 纯天然。工艺流程短、耗时少，对环境无污染，萃取流体可循环使用，真正实现生产过程绿色化。近几年来，超临界萃取技术的国内外得到迅猛发展，先后在啤酒花、香料、中草药、油脂、石油化工、食品保健等领域实现工业化。

三、实验装置与流程

HA121-50-02 型超临界萃取装置由下列部分组成：纯度为 $\geqslant99.9\%$ 的食用级 CO_2 气瓶（用户自备）、制冷装置、温度控显系统、压力控显系统、安全保护装置、携带剂罐、净化器、混合器、热交换器、贮罐、流量为 $50L/h$ 和 $4L/h$ 的柱塞泵、$2L/50MPa$ 萃取缸、$0.6L/30MPa$ 分离器、精馏柱、电控柜、阀门、管件及柜架等组成，具体流程如图 6-2 所示。

四、实验步骤及方法

1. 原料预处理

核桃仁或花生米等用多功能粉碎机破碎，利用木辊将预备好颗粒状料轧成薄片（$0.5\sim1mm$ 厚）。在 $105℃$ 下分别加热 $20\sim40min$，将其粉碎。取过 20 目筛后 $1000g$ 核桃仁或花生米等进入萃取釜内，然后按图所示的流程连接好萃取器、分离器，紧固各接口。

2. 开机前的准备工作

① 首先检查电源、三相四线是否完好无缺。（AC380V/50Hz）

② 冷冻机及贮罐的冷却水源是否畅通，冷箱内为 30% 乙二醇＋70% 水溶液。冷箱内搅拌泵用于冷箱内搅拌和 CO_2 泵头冷却。

③ CO_2 气瓶压力保证在 $5\sim6MPa$ 的气压。

④ 检查管路接头以及各连接部位是否牢靠。

⑤ 向换热箱内加入冷水，不宜太满，离箱盖 $2cm$ 左右。每次开机前都要查水位。

⑥ 萃取原料装入料筒，原料不应安装太满，离过滤网 $2\sim3cm$。

⑦ 将料筒装入萃取缸，盖好压环及上堵头。

⑧ 如果萃取液体物料或需加入夹带剂时，将液料放入携带剂罐，可用泵压入萃取缸内。

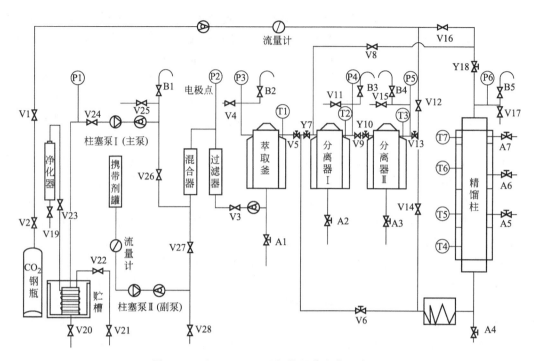

图 6-2　HA121-50-02 型超临界萃取装置流程图

注：1. 最高萃取压力：50MPa；2. 单缸萃取容积：2L/50MPa；3. 分离釜容积：0.6L/30MPa 2 只；

4. 萃取温度：常温～85℃可调；5. 最大流量：0～50L/h 可调泵头带冷却；6. 双柱塞泵：0～4L/h 可调

3. 开机操作顺序

① 先送空气开关，如三相电源指示灯都亮，则说明电源已接通，再启动电源的（绿色）按钮。接通制冷开关，同时接通水循环开关。

② 开始加温，先将萃取缸、分离器Ⅰ、分离器Ⅱ的加热开关接通，将各自控温仪表调整到各自所需的设定温度。如果精馏柱参加整机循环需打开与精馏柱相应的加热开关，相应的控温仪表调整到各自所需的设定温度。在冷冻机温度降到 4℃ 左右，且萃取缸、分离器Ⅰ、分离器Ⅱ温度接近设定的要求后，进行下列操作：

开始制冷的同时将 CO_2 气瓶通过阀门 V2 进入净化器、冷盘管和贮罐，CO_2 进行液化，液态 CO_2 通过柱塞泵Ⅰ、混合器、净化器进入萃取缸（萃取缸已装样品且关闭上堵头），等压力平衡后，打开萃取缸放空阀门 V4，慢慢放掉残留空气，降低部分压力后，关闭放空阀。

加压力：先将电极点拨到需要的压力（上限），启动泵Ⅰ绿色按钮，如果流量过小时，手按触摸开关▲，泵转速加快，直至流量达到要求时松开，如果流量过大，可手按触摸开关▼，泵转速减小，直至流量降到要求时松开，数位操作器按键的详细说明，可参照变频器使用手册。当压力加到接近设定压力（提前 1MPa 左右），开始打开萃取缸后面的节流阀门，具体怎样调节，根据下面不同流向，关闭所有放空阀：V4、V11、V15、V17、V19、V20、V21、V25、V28；关闭所有放液阀：A1、A2、A3、A4、A5、A6、A7（注意：每次萃取釜进气前，阀门 V5 逆时针旋转到头的位置，工作时应缓慢顺时针旋转到需要压力值）。

气态 CO_2 进入贮罐：打开钢瓶阀门，打开 V2、V22、V23，P1 压力表显示贮罐压力值。

主泵工作时：都要打开气瓶阀门、阀门 V2、V22、V23、阀门 V24、V26，开启高压泵，高压 CO_2 装满混合器、过滤器，P2 电极点压力表检测混合器压力，控制高压泵的启动停止。

向萃取缸内注入携带剂（或液体物料）时，将携带剂（液体物料）装入携带剂罐，打开阀门 V27，开启携带剂泵。不需要注入携带剂（液体物料）时，务必关闭阀门 V27。

③ 萃取方法主要有以下三种方式，根据物系的要求进行选择。

萃取方法 1：萃取缸→分离器Ⅰ→分离器Ⅱ→回路（主回路）

缓慢打开阀门 V3，CO_2 进萃取缸。待萃取缸压力平衡，不再上升时，开阀门 V5、V7 进入分离器Ⅰ，开阀门 V9、V10 进入分离器Ⅱ，开阀门 V13、V12、V1 回路循环；调节阀门 V7 控制萃取缸压力，调节阀门 V10 控制分离器Ⅰ压力，调节阀门 V13 控制分离器Ⅱ压力。

萃取方法 2：萃取缸→分离器Ⅰ→分离器Ⅱ→精馏柱→回路

缓慢打开阀门 V3，CO_2 进入萃取缸。待萃取缸压力平衡，不再上升时，开阀门 V5、V7 进入分离器Ⅰ，开阀门 V9、V10 进入分离器Ⅱ，开阀门 V13、V14 进入精馏柱，开阀门 V18、V16、V1 回路循环；调节阀门 V7 控制萃取缸压力，调节阀门 V10 控制分离器Ⅰ压力，调节阀门 V13 控制分离器Ⅱ压力，调节阀门 V18 控制精馏柱压力。

萃取方法 3：萃取缸→精馏柱→分离器Ⅰ→分离器Ⅱ→回路

缓慢打开阀门 V3，CO_2 进入萃取缸。待萃取缸压力平衡，不再上升时，开阀门 V5、V6 进入精馏柱，开阀门 V18、V8 进入分离器Ⅰ，开阀门 V9、V10 进入分离器Ⅱ，开阀门器 V13、V12、V1 回路循环。调节阀门 V6 控制萃取缸压力，调节阀门 V18 控制精馏柱压力，调节阀门 V10 控制分离器Ⅰ压力，调节阀门 V13 控制分离器Ⅱ压力。

注意：系统正常循环工作时，可关闭阀门 V2，此时需务必注意观察贮罐压力，如果贮罐压力降低到 4.2～4.5MPa 之间时（因中途放料或其他原因），需打开阀门 V2，向贮罐内补充 CO_2，请务必注意维持贮罐压力在 5.5MPa 左右。

④ 中途停泵时，只需按数位操作上的 STOP 键。

⑤ 萃取完成后，打开阀门 V5，萃取缸内压力放入后面分离器或精馏柱内，待萃取缸内压力和后面平衡后，再关闭阀门 V3、阀门 V7、阀门 V6，打开放空阀门 V4 及阀门 A1，待萃取缸没有压力后，打开萃取缸盖，取出料筒为止，整个萃取过程结束。

⑥ 分离出来物质分别在阀门 A2、A3、A4、A5、A6、A7 处取出。

五、注意事项及故障处理

1. 此装置为高压流动装置，非熟悉本系统流程者不得操作，高压运转时不得离开岗位，如发生异常情况要立即停机关闭总电源检查。

2. 用户在使用时，要遵循"先加温，后加压"的操作顺序，即按照操作步骤中的加温加压工序进行，先将加温至设定温度，后进行加压。以免发生超压现象而出现危险。

3. 制冷系统

（1）开机前及正常运转时须查压缩机油面线是否正常，一般情况不会缺油，如过低须加入冷机专用油 25#（新型号为 40#）。

（2）冷机正常运转时，高压表指示夏天为 1.5～2MPa、冬天为 1～1.5MPa（高压保护 2.2MPa），低压表为 0.2～0.3MPa。如果过低制冷效果差，可适当加入 R22 氟利昂（可以从低压阀口加入）。

（3）冷机开启前，高低表均有压力，但开机后，低压表为 0，且冷机频繁启动、停止，可能原因为：过滤器、膨胀阀或电磁阀堵塞。处理步骤如下：

① 关闭贮罐供液阀，启动冷机开关，回收氟利昂，当低压表降为零下时关闭冷机。

② 打开过滤器，膨胀阀下端口，清洗过滤网。

③ 清洗完毕，装上过滤器及膨胀阀后，关闭高压阀，打开放空接头进行冷机抽空，抽到低压表为小于 0 且高压出口没有空气为止。

④ 拧紧高压放空接头（帽），再打开高压阀及供液阀即可。

注：以上情况属非正常现象，如出现最好请专业人员解决。

4. CO_2 流体系统

（1）CO_2 泵运行应检查泵头是否有冷却循环水（冷箱内供给）。

（2）开始加压时应等冷箱制冷温度达到要求，同时打开泵出口端放空阀门进行放空。

（3）应检查电接点压力表是否控制停泵（人为试验检查）。

（4）因 CO_2 或物料含水，可能出现冷箱内高压盘管冰堵。故障现象为贮罐压力显示较低（低于 CO_2 出口压力），不能循环。解决方法：①经常从净化器底部阀门放水。②如出现冰堵，将冷箱盖打开，让冷箱温度自然上升至室温，用氮气从盘管一端吹扫至另一端，直至将水分吹干。

5. 加热控温系统

① 开机时须检查三相四线电源是否正确，禁止缺相运行。

② 每次开机（每班）都要检查各加热水箱的水位。不够应及时补充（因温度高蒸发），否则会烧坏加热管，同时须查水泵电机是否运转，防止水垢卡死转轴而烧坏电机。

③ 如果测量温度远远高于设定温度，或者水浴内的水被烧开，可能原因为双向可控硅被击穿，而不起控制作用，此时只要更换对应的可控硅就可以了。

6. 泵在一定时间内要更换润滑油。

7. 加热水箱保养

① 长时间不用，请将水排放防止冬天冷坏保温套和腐蚀循环水泵。

② 一般开机前检查水箱水位，不够应补充（因温度蒸发），否则会烧坏加热管，同时检查循环水泵、转动轴是否灵活转动，防止水垢卡死转轴烧坏电机。

六、实验数据处理与分析

1. 记录萃取釜和分离釜的压力、温度随时间的变化（表 6-1）。

表 6-1 原始记录表

时间 /min	CO_2 流量/(kg/h)	装置压力/MPa				装置温度/℃			
		混合器	萃取釜	分离器Ⅰ	分离器Ⅱ	混合器	萃取釜	分离器Ⅰ	分离器Ⅱ
0									
15									
30									
45									
60									
75									
90									
105									
120									
135									
150									
165									
180									

2.测定萃取油的质量

将所得核桃油或花生油和乙醇的混合物放入一烧杯中，放置于真空干燥箱内，在80℃时将乙醇蒸出。先称得烧杯质量，最后称得达到衡重的桃油或花生油的质量，即可获得所萃取的桃油或花生油的质量。

计算结果：

$$萃取率(\%)＝萃取液质量(g)/原料质量(g)×100\%$$

所得结果记录入表6-2。

表6-2　实验数据表

序号	压力/MPa	时间/min	温度/℃	萃取率/%
1				
2				
3				
4				
5				
6				
7				
8				
9				

七、思考题

1.超临界流体的特性是什么？为什么选择CO_2作为萃取剂？

2.通过实验，讨论超临界萃取装置还可以应用到哪些方面？

3.当萃取釜、分离器Ⅰ、分离器Ⅱ的压力偏离（高于或低于）预期范围时，应如何调节使其恢复？

4.超临界CO_2萃取与传统有机溶剂萃取的区别是什么，有哪些特点，适用哪些物质的提取分离？何为夹带剂？

实验十三　超滤、纳滤、反渗透组合膜分离实验

膜分离法是利用特殊的薄膜对液体中的某些成分进行选择性透过的方法的统称。溶剂透过膜的过程称为渗透，溶质透过膜的过程称为渗析。常用的膜分离方法有电渗析、反渗透、超滤，其次是自然渗析和液膜技术。近年来，膜分离技术发展很快，在水和废水处理、化工、医疗、轻工、生化等领域得到大量应用。

膜分离的作用机理往往用膜孔径大小为模型来解释，实质上，它是由分离物质间的作用引起的，同膜传质过程的物理化学条件，以及膜与分离物质间的作用有关。膜分离技术有以下共同点。

① 膜分离过程不发生相变，因此能量转化的效率高。例如在现在的各种海水淡化方法中，反渗透法能耗低。

② 膜分离过程在常温下进行，因而特别适于对热敏性物料，如对果汁、酶、药物等的分离、分级和浓缩。

③ 装置简单，操作容易，易控制、维修，且分离效率高。作为一种新型的水处理方法，与常规的水处理方法相比，具有占地面积小、适用范围广、处理效率高等特点。

本实验装置的分离方法采用超滤、反渗透，其组件为中空纤维膜和反渗透膜。

一、实验目的

1. 了解膜分离的分离过程及流程。
2. 掌握反渗透膜纯水制备实验的操作方法。

二、实验原理

1. 超滤膜工作原理

超滤与反渗透一样也依靠压力推动和半透膜实现分离。两种方法的区别在于超滤受渗透压的影响较小，能在低压力下操作（一般 0.1～0.5MPa），而反渗透的操作压力为（1～10MPa）超滤适用于分离相对分子质量大于 500，直径为 0.005～10μm 的大分子和胶体，如细菌、病毒、淀粉、树胶、蛋白质、黏土和油漆色料等，这类液体在中等浓度时，渗透压很小。

超滤过程在本质上是一种筛滤过程，膜表面的孔隙大小是主要的控制因素，溶质能否被膜孔截留取决于溶质粒子的大小、形状、柔韧性以及操作条件等，而与膜的化学性质关系不大。因此可以用微孔模型来分析超滤的传质过程。

微孔模型将膜孔隙当做垂直于膜表面的圆柱体来处理，水在孔隙中的流动可看做层流，其通量与压力差 Δp 成正比并与膜的阻力 Γ_m 成反比。

$$\text{分离效率} \qquad \eta = 1 - \frac{\text{超滤液浓度}}{\text{混合液浓度}} \times 100\% \qquad (6\text{-}1)$$

2. 渗透及反渗透工作原理

渗透现象在自然界是常见的，比如将一根黄瓜放入盐水中，黄瓜就会因失水而变小。黄瓜中的水分子进入盐水溶液的过程就是渗透过程。如图 6-3 所示，如果用一个只有水分子才能透过的薄膜将一个水池隔断成两部分，在隔膜两边分别注入纯水和盐水到同一高度。过一段时间就可以发现纯水液面降低了，而盐水的液面升高了。我们把水分子透过这个隔膜迁移到盐水中的现象叫做渗透现象。盐水液面升高不是无止境的，到了一定高度就会达到一个平衡点。这时隔膜两端液面差所代表的压力被称为渗透压。渗透压的大小与盐水的浓度直接相关。

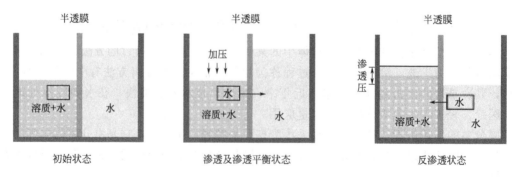

图 6-3 渗透和反渗透工作原理图

反渗透是利用反渗透膜选择性地只能透过溶剂（通常是水）而截留离子物质的性质，以膜两侧静压差为推动力，克服溶剂的渗透压，使溶剂通过反渗透膜而实现对液体混合物进行分离的膜过程。

反渗透同 NF、UF、MF、GS 一样均属于压力驱动型膜分离技术。其操作压差一般为 1.5～10.5MPa，截留组分为 (1～10)×10^{-10} m 小分子溶质。除此之外，还可从液体混合物中去除全部悬浮物、溶解物和胶体，例如从水溶液中将水分离出来，以达到分离、纯化等目的。目前，随着超低压反渗透膜的开发已可在小于 1MPa 压力下进行部分脱盐（溶质），适用于水的软化和选择性分离。

反渗透膜的基本性能主要参数有纯水渗透系数和脱盐率（溶质截留率）。

（1）纯水渗透系数 L_P　单位时间、单位面积和单位压力下纯水的渗透量。它是在一定压力下，测定通过给定膜面积的纯水渗透量按下式求得的。Jw 为膜面积纯水的渗透速率。

$$J_V = L_P(\Delta p - \sigma \Delta \pi) \tag{6-2}$$

$$L_P = \frac{J_W}{\Delta p} \quad (\Delta \pi = 0) \tag{6-3}$$

（2）脱盐率（截留率）R　R 表示膜脱除盐（截留率）的性能，其定义为

$$R = \left(1 - \frac{c_p}{c_b}\right) \times 100\% \tag{6-4}$$

式中 c_b，c_p 分别为被分离的主体溶液浓度和膜的透过液浓度。实验中 c_b，c_p 可分别用被分离的主体溶液的电导率和膜的透过液的电导率来替代（但本实验不做考虑）。R 的大小与工艺过程的条件（如操作压力、溶液浓度、温度、pH 等）有关。

3. 纳滤膜工作原理

纳滤膜技术是介于反渗透膜与超滤膜之间的性能，纳滤能脱除颗粒在 1nm（10Å）的杂质和相对分子质量大于 $200 \sim 400$ 的有机物，溶解性固体的脱除率 $20\% \sim 98\%$，含单价阴离子的盐（如 NaCl 或 $CaCl_2$）脱除率为 $20\% \sim 80\%$，而含二价阴离子的盐（如 $MgSO_4$）脱除率较高，为 $90\% \sim 98\%$。

纳滤是当今纳米时代的贡献，也是最先进、最节能、效率最高的膜分离技术。其原理是在高于溶液渗透压的压力下，借助于只允许水分子透过纳滤膜的选择截留作用，将溶液中的溶质与溶剂分离，从而达到净化水的目的。

纳滤膜是由具有高度有序矩阵结构的聚酰胺合成纳米纤维素组成的。它的孔径为 $0.001 \mu m$（相当于大肠杆菌大小的百分之一，病毒的十分之一）。利用纳滤膜的分离特性，可以有效去除水中的溶解盐、胶体、有机物、细菌和病毒等，纳滤 NF 膜比反渗透 RO 膜优异之处，在于除去有害物质相同之下，纳滤 NF 膜保留了水分子中人体所需生命元素。

三、实验装置

实验装置主要由配液池、浓液池、滤液池、高压自吸泵、流量计、压力表、反渗透膜、纳滤、超滤膜等组成。

反渗透膜、纳滤、超滤膜组件，膜直径 $\phi 99.4mm$；长度 1014mm；脱盐率 95%；带有不锈钢膜壳。

配水池、滤液池均由不锈钢制成。

高压泵采用高压自吸泵，功率 1.1kW；最高压力 0.6MPa。

反渗透流量计采用 LZB-10（$6 \sim 60L/h$），超滤流量计采用 LZB-10（$16 \sim 160L/h$），纳滤流量计采用 LZB-10（$10 \sim 100L/h$）。

压力表：$0 \sim 1.0MPa$。

装置流程图如图 6-4 所示。

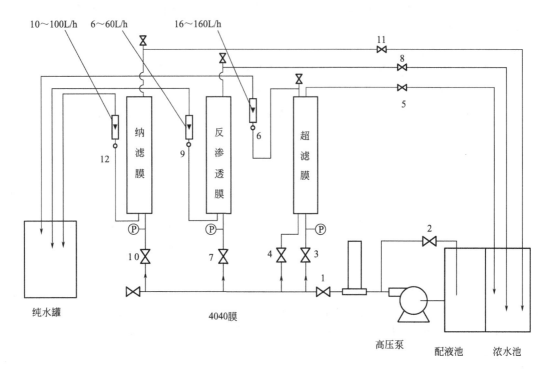

图 6-4 超滤、纳滤、反渗透组合膜分离流程图

四、实验步骤

1. 超滤膜实验操作步骤

① 先了解整个实验的流程，对各个设备及阀门有一定的了解。配制好混合液，（可以为污水、淀粉悬浮液、皂化液等）。需注意所配混合液浓度不应过浓，否则会影响膜的使用寿命。

② 打开电源开关，然后再打开高压泵开关，实验开始进行，在开始实验时除阀 2 外其他各阀均为关闭，启动泵后，慢慢关闭阀 2（旁路阀），开启阀 1、阀 3，再打开阀 6 调节流量（即流量计上带有的针形阀至一定开度）、再打开浓液阀 5。记录下所得超滤液所用的时间，膜的压力数值，流量的大小。（因出口压力很小，故当超滤的工作压力很小时便可近似为零），以及滤液池中的滤液量。

③ 分别在滤液池和混合液池内取样，进行分析。

2. 反渗透实验操作步骤

① 打开电源开关，开启高压泵开关，打开阀 2，待高压泵正常运转后，然后慢慢关闭阀 2（旁路阀），开启阀 1 和阀 7，开启浓液阀 8。

② 启动泵后再打开流量计上针形阀 9 调节流量。记录过滤所用的时间，膜的压力数值，流量的大小。

③ 根据实验需要，通过阀 8 开启程度控制膜分离实验系统压力以及流量（本设备最高使用压力 0.6MPa）。

④ 按实验要求分别收集渗透液、浓缩液。分别在滤液池和混合液池内取样，进行分析。

⑤ 停止实验时，先开大浓液阀 8，关闭电源开关，结束实验。

3. 纳滤实验操作步骤

① 打开电源开关，开启高压泵开关，打开阀 2，待高压泵正常运转后，然后慢慢关闭阀 2（旁路阀），开启阀 1 和阀 10，再开启浓液阀 11。

② 启动泵后再打开流量计上针形阀 12 调节流量。记录下过滤所用的时间，膜的压力数值，流量的大小。

③ 根据实验需要，通过阀 11 开启程度控制膜分离实验系统压力以及流量（本设备最高使用压力 0.6MPa）。

④ 按实验要求分别收集渗透液、浓缩液。分别在滤液池和混合液池内取样，进行分析。

⑤ 停止实验时，先开大浓液阀 6，关闭电源开关，结束实验。

4. 注意事项：

1. 实验前请仔细阅读"操作说明"和系统流程，特别要注意各种膜组件的正常工作压力。

2. 设备不使用时，要保持系统润湿，防止膜组件干燥，从而影响分离效能。较长时间时，要防止系统生菌，可以加入少量防腐剂，例如甲醛、H_2O_2 等，密封保存。

五、实验数据处理与分析

实验条件和数据记录见表 6-3。

表 6-3　实验数据原始记录表

压强（表压）：_____ MPa；温度：_____ ℃

实验序号	起止时间	浓度（电导率值）			流量/(L/h)
		原料液	浓缩液	透过液	透过液

分析实验结果、计算分离效率、渗透系数、脱盐率等参数。

六、思考题

1. 超滤、细滤、反渗透膜分离法的异同点。

2. 纯水渗透量和盐的脱除率分别与操作压力有什么关系？

实验十四　天然产物的提取、分离与清洁生产实验

一、实验目的

1. 了解甘草酸的提取、分离与清洁生产工艺。

2. 掌握提取浓缩、膜分离、喷雾干燥等技术。

3. 掌握提取浓缩中试设备的结构和操作工艺流程。

4. 掌握膜分离的原理及应用领域。

二、实验原理

甘草中主要含有甘草酸（glycyrrhizic acid）、甘草次酸、黄酮、生物碱、氨基酸等化学成分，具有广泛的生理活性。甘草酸是其中最为重要的化学成分，其含量最高可达 14%。

其分子式为 $C_{42}H_{62}O_{16}$，相对分子质量 822.92，结构式见图 6-5。目前已被广泛应用于食品、化妆品和医药等行业，用做甜味剂、美容护肤品以及用于解毒、消炎、抗过敏、抗溃疡、镇咳、抗肿瘤和防治病毒性肝炎、高血脂症和癌症等疾病。

甘草酸的提取方法有水提法、稀氨水提取法和氨性醇提取法等。水提法是最常用的一种提取方法，其操作简单，溶剂成本低廉，但得率较低，得率仅约 3%，可能是在因为水提法提取出的杂质较多，在去除杂质的过程中夹带了甘草酸，损失较大。水提法工艺流程见图 6-6。

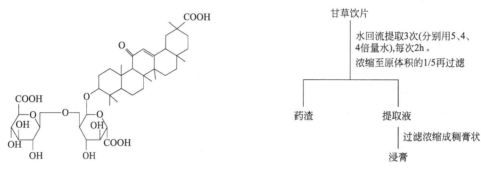

图 6-5　甘草酸结构图　　　　　图 6-6　甘草酸水提法工艺图

甘草酸的纯化方法有超滤法、酸沉反复结晶法、双水相萃取法、树脂吸附法等。超滤法操作简单，无相变、能耗低，不需消耗过多的各种试剂和溶剂，提高了甘草酸的提取率。其原理是以压力为推动力实现溶质与溶剂的分离，在常温下粗提液经过超滤膜，可将还原糖、蛋白、淀粉等大分子物质除去，然后对超滤液中的甘草酸进行沉淀或吸附纯化。

三、实验装置

实验型提取浓缩装置（DC-NSG-50）、膜分离设备（LJ-2540S）、实验室微型喷雾干燥机（DC1500）等。

原料：药材甘草、自来水或有机溶剂、浓盐酸、甲醛等。

多功能提取浓缩机组（DC-NSG-50）工作原理：

将甘草投入提取罐内，加入 5～10 倍的溶剂如水、乙醇、甲醇、丙酮等（根据工艺要求）。开启提取罐加热系统，使提取液加热至沸腾 20～30min 后，用抽滤管将三分之一的提取液抽入浓缩罐。关闭提取罐阀门与夹套热水，开启浓缩罐阀门与加热系统使浓缩液温度保持在 80℃ 左右，真空度保持在 -0.05～-0.09MPa，浓缩时产生的二次蒸汽经过冷凝器与冷却器变成冷凝液回流至提取罐做新溶剂循环使用，新溶剂由上而下通过甘草层到提取罐底部，甘草中的可溶性成分溶解于提取罐内溶剂，提取液经抽滤管抽入浓缩罐，浓缩产生的二次蒸汽又送至提取罐做新溶剂，形成新溶剂回流提取，直至完全溶出（提取液无色）。浓缩继续进行，直至浓缩成需要的指定料液浓度。若是有机溶剂提取，则先加适量水，开阀门与夹套热水，回收溶剂后，将渣排掉。

膜分离设备（LJ-2540S）工作原理：

将洁净无颗粒的待分离料液放置于循环罐中，通过系统泵的驱动，使料液以一定的流量和压力流经膜单元，从而实现料液的成分分离。

工艺原理如图 6-7 所示。

将洁净无颗粒的待分离料液放置于循环罐中，启动设备输料泵，待输料泵稳定运行一段时间后启动增压泵变频器。输料泵及增压泵均运行稳定后，可根据工艺控制要求逐渐调节调

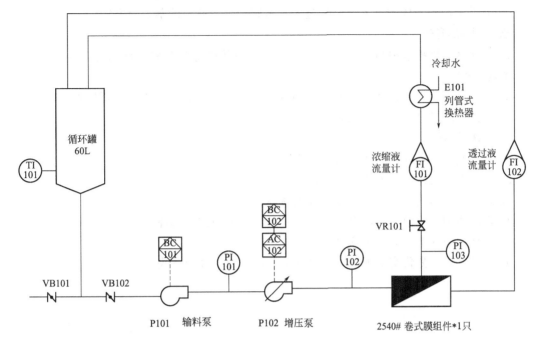

图 6-7 膜分离工艺流程图

压阀的开度及变频器的运行频率，使系统的入膜压力及流量达到工艺控制要求。

变频器运行控制：变频器通电后，变频器控制面板显示 rdy→按"▽"键，显示 LFr，→按"ENT"键，显示 0.0Hz，→按"▽"或"△"键，设定所需的运行频率→按"RUN"键，设备开始运行，按"STOP"键，设备停止运行。

四、实验步骤与注意事项

1. 实验步骤

① 称取 4kg 甘草＋40L 水于提取罐中→加热煮沸 30min 后，进行提取浓缩，得浓缩液。

② 将浓缩液进行超滤，分别得浓缩液 A（还原糖、蛋白、淀粉等大分子物质）和透过液 B（甘草酸及小分子物质）。将透过液 B 进行酸沉，得甘草膏。同时，将上层液体转入浓缩液 A 中，再将浓缩液 A 进行纳滤，得浓缩液 C 和较为洁净的清水。

③ 将浓缩液 C 进行喷雾干燥，控制进口温度 120℃左右，出口温度 80℃左右，进料量约 300mL/h，提取多糖等大分子物质。

2. 注意事项

① 在进行提取浓缩时，将提取液转入浓缩罐中，要及时观察过滤泵运行状况，避免过滤器被堵塞。

② 在进行提取浓缩前，应开启循环冷凝水，检查夹套中油的液位。

③ 膜分离设备使用前要清洗膜和管路，启动时先开输料泵再开增压泵，在增压泵启动前要排气，运行过程操作压力应小于 20bar，频率小于 50MHz。

④ 膜分离操作结束前，应先关闭增压泵，再关闭离心泵。任何时候都不得让泵处于无料液或水的空转状态，否则将造成泵的损坏。

⑤ 循环罐内的液体必须是经过过滤的澄清的料液或水（过滤精度不少于 5μm），否则含有颗粒的料液将造成膜元件的堵塞，并造成膜元件的损坏。

⑥ 喷雾干燥加热器应后开先关，切忌加热器干烧。

⑦ 喷雾干燥中液体的进料量不宜过大，否则会导致有液滴落入喷雾室。

五、实验报告

1. 对甘草酸用提取浓缩中试装置进行提取浓缩并进行膜分离，计算甘草酸收率，检测甘草酸的纯度。

2. 对膜分离获得的最终浓缩液 C 进行喷雾干燥，计算收率，进行分析检测。

3. 对实验结果进行分析讨论。

六、思考题

1. 甘草酸提取通常有哪些方法，各有何特点？

2. 简述提取浓缩中试装置的工艺流程。

3. 简述膜分离的工艺流程，膜分离的最新技术应用。

4. 膜的使用与溶液的特性有何关系，膜的清洗剂该如何选择？

5. 喷雾干燥的基本原理是什么？

6. 喷雾干燥时雾化室出现液滴，是什么原因导致，如何解决？

第七章　化工单元仿真系统软件简介

计算机通信技术的迅速发展，同样改变着现代化的化工生产过程。近年来，现代化化工厂逐渐实现自动化和半自动化的生产控制，大量的现场工作技术人员从繁复的操作中解脱出来，然而对现代化的技术人员也提出了更高的要求。目前，大型化工厂基本实现 DCS 系统中央集中控制，这样除了让技术人员掌握基本的化工单元操作知识外，还需要熟悉计算机 DCS 系统控制的相关知识。因此，现代的化工单元操作实验教学也需要跟随社会发展的要求，进行教学改革，化工单元操作仿真教学便成为关注的焦点。

一、系统安装使用环境

1. 硬件部分

一台上位机（教师指令机）＋数十台下位机（学生操作站）

① 教师站。CPU 奔腾 E5200 或 AMDAthlonX25000 或更强的 CPU（CPU 主频 1.7G 以上）；内存 1G 以上（推荐 2G 以上）；显卡和显示器分辨率 1024×768 以上；硬盘空间至少 1G 剩余空间；操作系统 Windows Server 2003 SP2。

② 学生站。CPU 为奔腾 E2140 或 AMD Athlon X2 4000 或更强的 CPU（CPU 主频 1.7G 以上）；内存为 1G 以上；显卡和显示器分辨率 1024×768 以上；硬盘空间至少 1G 剩余空间；操作系统 Windows XP SP2/SP3。

2. 网络部分

采用点对点的拓扑形式组网，局域网务必连接正常，以确保教师站正常授权（统一式激活）

3. 软件部分

① 教师站管理软件。

② 学生操作站：工艺仿真软件、仿 DCS 软件、操作质量评分系统软件。

二、化工单元仿真实验内容

化工原理实验仿真包含如下实验内容：

1. 离心泵操作仿真

2. 液位控制系统操作仿真

3. 单级压缩机操作仿真

4. 多级压缩机操作仿真

5. 真空泵操作仿真

6. 列管式换热器操作仿真

7. 精馏塔单元操作仿真

8. 吸收解吸操作仿真

9. 萃取塔操作仿真

三、化工单元仿真实验系统的启动

在正常运行的计算机上，完成如下操作，启动化工单元实习仿真培训系统学生站：

开始──→程序──→××××软件──→单击化工单元实习仿真软件（或双击桌面化工单元实习软件快捷图标），启动如图7-1所示学生站登录界面。

根据培训要求或技术条件的需要，学生可选择练习的模式。

单机练习：学生自主学习，根据统一的教学安排完成培训任务。

局域网模式：通过网络老师可对学生的培训过程统一安排、管理，使学生的学习更加有序、高效。（需配套教师站）

联合操作：提供一个学习小组操作一个软件的模式，提高学生的团队意识和团队协调能力。（需配套教师站）

备注：教师站功能包括提供练习、培训、考核等模式，并能组卷（理论加仿真）、设置随机事故扰动，能自动收取成绩等。

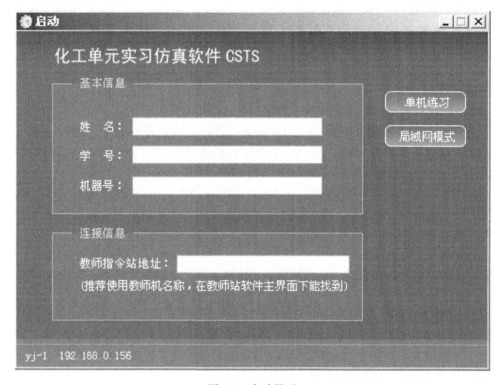

图7-1　启动界面

四、化工单元仿真实验参数的选择

在启动的界面上，单击"单机练习"后进入培训参数选择界面如图7-2所示。共有如下选项：

- 项目类别
- 培训工艺
- 培训项目
- DCS风格

1. 培训工艺的选择

仿真培训系统为学生提供了六类、十五个培训操作单元，如图7-3所示。根据教学计划的安排可确定培训单元，用鼠标左键点击选中单元，点击对象高亮显示，完成培训工艺选择。

图 7-2 培训参数的选择

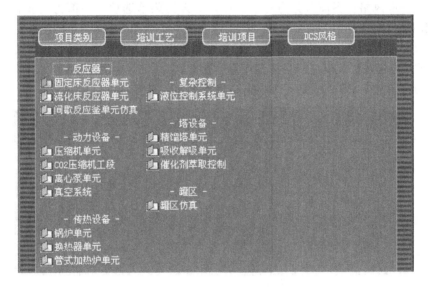

图 7-3 培训工艺的选项

2. 培训项目的选择

完成了培训工艺的选择，单击"培训项目"，进入具体的培训项目，如图 7-4 所示。

- 冷态开车
- 正常停车

图 7-4 培训项目选项

· 事故处理

仿真培训系统为学生提供了模拟化工生产中的冷态开车、正常开车、事故处理状态。根据教学计划的安排，学生可选择学习需要选定培训项目，用鼠标左键点击选中单元，点击对象高亮显示，完成培训项目的选择。

3. DCS 风格的选择

点击 DCS 风格选项，共有四种 DCS 风格可选，如图 7-5 所示。

DCS 风格中，通用 DCS、TDC3000、CS3000、IA 均为标准 Windows 窗口。

· 通用 DCS 风格：界面可分为四个区域，上方为菜单选项，主体为主操作区域，下方为功能选项和程序运行当前信息。

· TDC3000 风格：界面可分为三个区域，上方为菜单选项，中部为主要显示区域，下方为主操作区。

· IA 风格：界面可分为四个区域，上方为菜单选项，中部为主操作区，左边为多功能按钮，最下方为状态栏，以显示当前程序运行信息。

· CS3000 风格：CS3000 是一个多窗口操作界面，最多时可显示五个窗口。

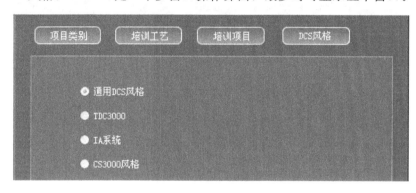

图 7-5　DCS 风格

以上各项选择完毕后，单击主界面左上角的"启动项目"图标，进入仿真教学界面。

五、化工单元仿真实验菜单功能

启动化工单元实习仿真培训系统后，其主界面是一个标准的 Windows 窗口。

整个界面由上、中、下和最下面四个部分组成：

· 上部是菜单栏，由工艺、画面、工具和帮助四个部分组成。

· 中部是主操作区，由若干个功能按钮组成，点击后弹出功能画面，可完成相应的任务。

· 下部是状态栏，显示当前程序运行信息，每个状态栏中均包含 DCS 图和现场图。

· 最下部是一个 Windows 任务栏，DCS 集散控制系统和操作质量评分系统，这两个系统可以通过点击图标进行相互切换。

1. 工艺菜单

鼠标点击主菜单上的"工艺"，弹出如图 7-6 所示下拉菜单。工艺菜单中包含了当前信息总览、重做当前任务、培训项目选择、工艺内容切换等功能

（1）当前信息总览点击"当前信息总览"后，弹出如图 7-7 所示界面，显示当前项目信息，有当前工艺、当前培训和操作模式。

（2）重做当前任务点击"做当前任务"选项后，系统重新初始化当前运行项目，各项数

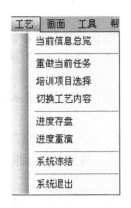

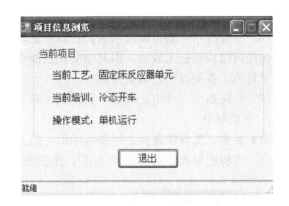

图 7-6　工艺下拉菜单　　　　　　　　图 7-7　当前项目信息

据回到当前培训项目的初始态，重新进行当前项目的培训。

（3）培训项目选择此选项是进行培训项目的重新选择，运行过程会出现如图 7-8 提示，可根据图提示完成各项操作。如确认重新选择培训项目后，出现图 7-9 界面，并重新回到图 7-5 的界面，选择新的培训项目后，点击"启动项目"即可。

图 7-8　退出当前工艺　　　　　　　　图 7-9　确认退出当前 DCS 仿真

（4）切换工艺内容点击"切换工艺内容"，根据图中提示完成培训工艺内容的切换或重新选择工艺内容，操作过程同上。

（5）进度存盘和进度重演　由于项目完成时间的原因或其原因要停止当前培训状态，但又要保留当前培训信息，可用此选项完成。具体操作如图 7-10 所示，注意进度存盘的文件名要唯一的，否则会丢失相关信息。进度重演时只要点击进度存盘的文件名就可回到原培训

图 7-10　进度存盘

进度。

（6）系统冻结　点击此选项后，仿真系统的工艺过程处于"系统冻结"状态。此时，对工艺的任何操作都是无效的，但其他的相关操作不受影响。再点击"系统冻结"选项时，系统恢复培训，各项操作正常运行。

（7）系统退出　点击此项后，关闭化工单元实习仿真培训系统，回到 Windows 画面。

2. 画面菜单

画面菜单：流程图画面、控制组画面、趋势画面、报警画面，如图 7-11 所示。

（1）流程图画面　如图 7-12 所示，流程图画面由 DCS 图画面、现场图画面组成。

图 7-11　画面下拉菜单

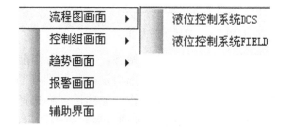

图 7-12　流程图画面

流程图画面是主要的操作区域，包括了流程图、显示区域、操作区域。

① 显示区域。显示了与操作有关的设备、控制系统的图形、位号、数据的实时信息等。在显示流程中的工艺变量时，采用了数字显示和图形显示两种形式。数字显示相当于现场的数字仪表，图形显示相当于现场的显示仪表。

② 操作区域。完成了主控室与现场的全部手动、自动仿真操作，其操作模式采用了触屏和鼠标点击的方式。对于不同风格的操作系统，会出现不同的操作方式，本教材根据目前化工行业中应用 DCS 系统的主要产品，分别介绍通用 DCS 和 TDC3000 风格的操作系统。

a. 通用 DCS 风格的操作系统。如图 7-13～图 7-15 所示，通用 DCS 风格的操作系统采用弹出不同的 Windows 标准对话框、显示控制面板的形式完成手动和自动制作。

Ⅰ. 对话框 A。主要用于泵、全开全关的手动阀，点击"打开"按钮可完成泵、阀的开、关操作。

图 7-13　泵、全开全关的手动阀

Ⅱ．对话框 B。主要用于设置阀门的开度，阀门的开度（OP）为 0～100％。可直接输入数据，按下回车键确认；也可以点击"开大"、"关小"按钮，点击一次，阀位以 5％的量增减。

注意：如果直接输入开度，请按回车确认。

图 7-14　可调阀

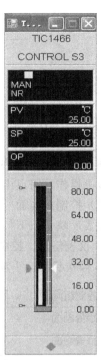

图 7-15　控制面板

Ⅲ．控制面板对话框。如图 7-15 所示，在此面板上显示了控制对象的所有信息和控制手段。控制变量参数如表 7-1 所示。

表 7-1　通用 DCS 风格控制面板信息一览表

变量参数	PV(测量值)	SP(设定值)	OP(输出值)
控制模式	MAN(手动)	AUT(自动)	CAS(串级)

以上操作均为所见即所得的 Windows 界面操作方式，但每一项操作完成后，按回车键确认后才有效，否则各项设置无效。

b.TDC3000 风格的操作系统。如图 7-16～图 7-18 所示，TDC3000 风格的操作系统共有三种形式的操作界面。图 7-16 的操作界面主要是显示控制回路中所控制的变量参数及控制模式如表 7-2 所示。在操作区点击控制模式按钮可完成手动/自动/串级方式切换，手动状态下可完成输出值的输入等。

表 7-2　TDC3000 风格控制面板信息一览表

变量参数	PV(测量值)	SP(设定值)	OP(输出值)
控制模式	MAN(手动)	AUT(自动)	CAS(串级)

PROG	MAN	AUTO	CAS	PV 25.00	SP 25.00	OP 0.00	ENTER	CLR

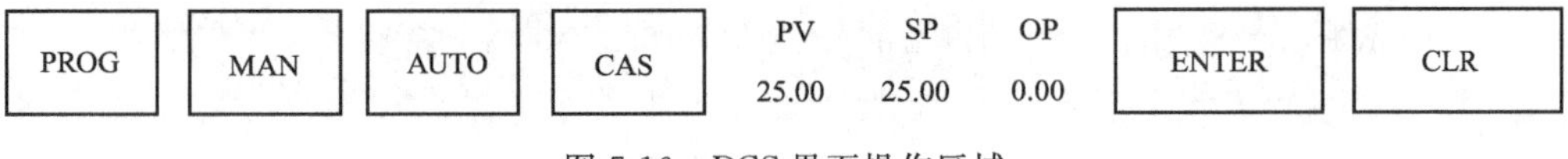

图 7-16　DCS 界面操作区域

图 7-16 操作界面的功能是设置泵、阀门的开关（全开、全关型），点击"OP"，按其提示完成操作。以上操作均需点击"ENTER"或键盘回车才有效，点击"CLR"操作界面清除。

图 7-17 泵、阀门的开关

图 7-18 阀门的开关

图 7-17 操作界面的功能是设置阀门开度连续变化的量，点击"OP"，按其提示完成操作。以上操作均需点击"ENTER"或键盘回车才有效，点击"CLR"操作界面清除。

（2）控制组画面　如图 7-19 所示，包括流程中所有的控制仪表和显示仪表。对应的每一块仪表反映了以下信息：

① 仪表信息。控制点的位号、变量描述、相应指标（PV、SP、OP）。

② 操作状态。手动、自动、串级、程序控制。

图 7-19　控制组画面　　　　　　　　　　图 7-20　趋势画面

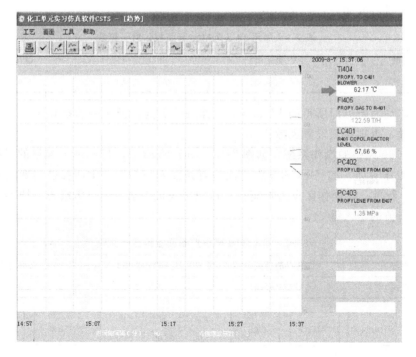

图 7-21　趋势图

（3）趋势画面　如图 7-20 所示，反映了当前控制组画面中的控制对象的实时或历史趋势，由若干个趋势图组成。趋势图的横标表示时间，纵标表示变量。一幅画面可同时显示八个变量的趋势，分别用不同的颜色表示，每一个被测变量的位号、描述、测量值、单位等，可用图中的箭头移动查看任一变量的运行趋势。如图 7-21 所示。

（4）报警画面　点击"报警画面"出现如图 7-22 所示窗口，在报警列表中，列出了报警时间、报警点的工位号、报警点的描述、报警的级别。一般分为四个级别：高高报（HH）、高报（HI）、低报（LO）、低低报（LL）。以上报警值均为发生报警值时的工艺指标当前值。

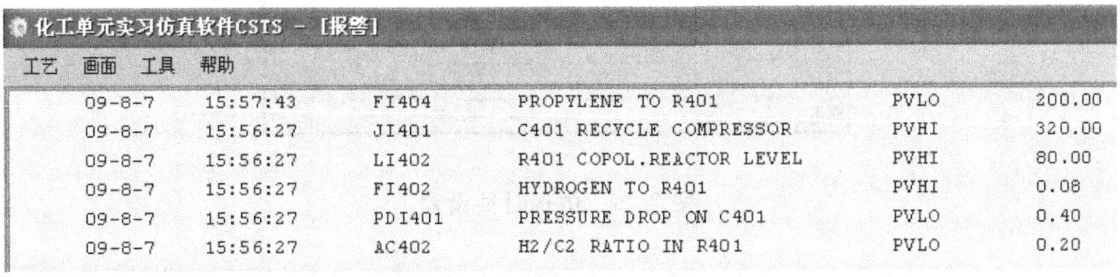

化工单元实习仿真软件CSTS — [报警]						
工艺　画面　工具　帮助						
09-8-7	15:57:43	FI404	PROPYLENE TO R401		PVLO	200.00
09-8-7	15:56:27	JI401	C401 RECYCLE COMPRESSOR		PVHI	320.00
09-8-7	15:56:27	LI402	R401 COPOL.REACTOR LEVEL		PVHI	80.00
09-8-7	15:56:27	FI402	HYDROGEN TO R401		PVHI	0.08
09-8-7	15:56:27	PDI401	PRESSURE DROP ON C401		PVLO	0.40
09-8-7	15:56:27	AC402	H2/C2 RATIO IN R401		PVLO	0.20

图 7-22　报警画面

3．工具菜单

工具菜单：变量监视、仿真时钟设置，如图 7-23 所示。

（1）变量监视　如图 7-24 所示，该窗口可实时监测各个点对应变量的当前值和当前变量值，为学生在学习过程中判断工艺过程的变化趋势提供数据。通过相应的菜单可完成：培训文件的生成、查询、退出等操作。

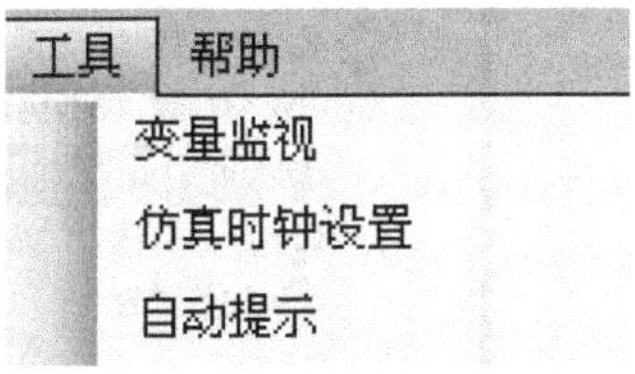

工具	帮助
变量监视	
仿真时钟设置	
自动提示	

图 7-23　工具菜单

变量监视							
文件　查询							
	ID	点名	描述	当前点值	当前变量值	点值上限	点值下限
▶	1	FT1425	CONTROL C2H2	0.000000	0.000000	70000.000000	0.000000
	2	FT1427	CONTROL H2	0.000000	0.000000	300.000000	0.000000
	3	TC1466	CONTROL T	25.000000	25.000000	80.000000	0.000000
	4	TI1467A	T OF ER424A	25.000000	25.000000	400.000000	0.000000
	5	TI1467B	T OF ER424B	25.000000	25.000000	400.000000	0.000000
	6	PC1426	P OF EV429	0.030000	0.030000	1.000000	0.000000
	7	LI1426	H OF 1426	0.000000	0.000000	100.000000	0.000000

图 7-24　变量监视

（2）仿真时钟设置　如图 7-25 所示，通过选择时标，可使仿真进程加快或减慢，从而满足教学和培训的需要。

4．帮助菜单

帮助菜单：帮助主题、产品反馈、激活管理、关于等信息。

六、系统操作质量评价系统

操作质量评价系统是独立的子系统，它和化工单元实习仿真培训系统同步启动。可以对学生的操作过程进行实时跟踪，对组态结果进行分析诊断，对学生的操作过程、步骤进行评

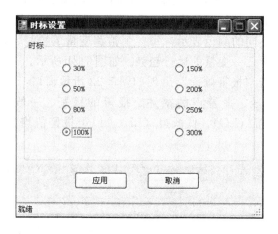

图 7-25 仿真时钟设置

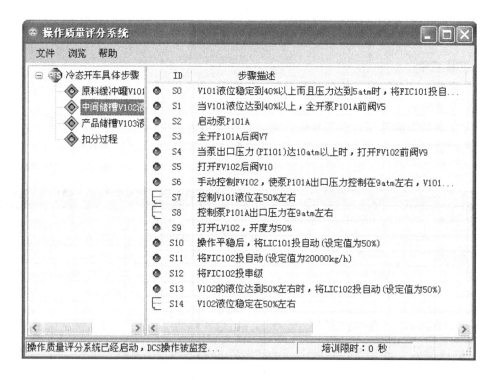

图 7-26 操作质量评价系统

定。最后将评断结果一一列举，显示在如图 7-26 所示信息框中。

在操作质量评价系统中，详细地列出当前对象的具体操作步骤，每一步诊断信息，采用得失分的形式显示在界面上。在质量诊断栏目中，显示操作的起始条件和终止条件，以有利于学生的操作、分析、判断。

1. 操作状态解析

在操作质量评价系统中，系统对当前对象的操作步骤、操作质量采用不同的颜色、图标表示。具体方法见表 7-3、表 7-4。

（1）操作步骤状态图标及提示

表 7-3 操作步骤状态及提示一览表

图标	说明	备注
◈	起始条件不满足,不参与过程评分	红色
◈	起始条件满足,开始对过程中的步骤进行评分	绿色
◉	一般步骤,没有满足操作条件,不可强行操作	红色
◉	一般步骤,满足操作条件,但操作步骤没有完成,可操作	绿色
✓	操作已经完成,操作完全正确	得满分
✗	操作已经完成,但操作错误	得 0 分
O	条件满足,过程终止	强迫结束

(2)操作质量状态图标及提示

表 7-4 操作质量状态及提示一览表

图标	说明	备注
⊟	起始条件不满足,质量分没有开始评分	
⊟	起始条件满足,质量分开始记评分	无终止条件时,始终处于评分状态
O	条件满足,过程终止	强迫结束
⊟	扣分步骤,从已得总分中扣分,提示相关指标的高限。操作严重不当,引发重大事故	关键步骤
⊟	条件满足,但出现严重失误的操作	开始扣分

2. 操作方法指导

操作质量评价系统具有在线指导功能,可以适时地指导学生练习。具体的操作步骤采用了 Windows 界面操作风格,学习中所需的操作信息,可点击相应的操作步骤即可。此处,注意的是关于操作质量信息的获取。双击质量栏图标⊟,出现如图 7-27 所示对话框,通过对话框可以查看所需质量指标的标准值和该质量步骤开始评分与结束评分的条件。质量评分是对所控制工艺指标的时间积分值,是对控制质量的一个直观反映。

3. 操作诊断

由于操作质量评价系统是一个智能化的在线诊断系统,所以系统可以对操作过程进行实时的跟踪评判,并将评判的结果实时地显示在界面上。学生在学习过程中,可根据学习的需要对操作过程的步骤和质量逐一加以研读。统计各种操作错误信息,学生可以及时地查找错误的原因,并对出现错误的步骤和质量操作加以强化,从而达到学习的效果。具体信息见图 7-28 所示。

4. 操作评定

操作质量评价系统在对操作过程进行实时跟踪的同时,不仅对每一步进行评判,而且对评判的结果进行定量计分,并对整个学习过程进行综合评分。系统将所有的评判分数加以综

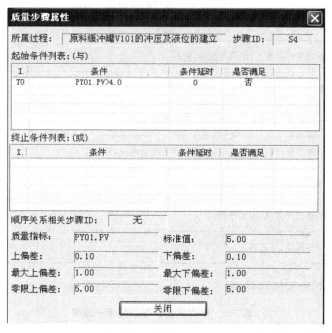

图 7-27 操作质量信息对话框

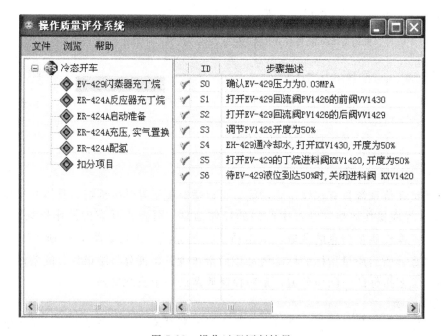

图 7-28 操作过程评判结果

合，可以采用文本格式或电子表格生成评分文件。

5. 其他辅助功能

（1）生成学生成绩单；

（2）学生成绩单的读取和保存；

（3）退出系统；

（4）帮助信息。

以上操作均采用 Windows 风格操作。

七、仿真实验系统的操作

1. 正常退出方法

完成正常的各项仿真实验后，可从培训参数界面（如图 7-29 所示），或从工艺菜单下选择退出。

图 7-29　仿真实验系统的正常退出

2. 一般操作方法

仿真练习可以使学生在短时期内积累较多化工过程操作经验，提高同学分析问题、解决问题的综合水平。为了更好地操作化工仿真软件，体会化工操作的实质，保证实验效果，应注意以下问题。

（1）熟习生产工艺流程、操作设备、控制系统、各项操作规程。

（2）分清调整变量和被动变量，直接关系和间接关系，分清顺序性和非顺序性操作步骤。

（3）了解变量的上下限，注意阀门应当开大还是开小、把握粗调和细调的分寸、操作时切忌大起大落。

（4）开车前的要做好准备工作，再行开车。

（5）蒸汽管线先排凝后运行，高点排气、低点排液。

（6）理解流程，跟着流程式走，注意关联类操作，先低负荷开车到正常工况，再缓慢提升负荷。

（7）建立推动力和过热保护的概念，建立物料量的概念，同时了解物料的性质。

（8）以动态的思维理解过程运行、利用自动控制系统开车，控制系统有问题立即改成手动。

（9）故障处理时要从根本上解决问题、投联锁系统时要谨慎。

八、思考题

1. 化工单元实验仿真系统的学生站由几部分组成？

2. 操作状态如何进行相互切换？

3. 化工单元实验仿真系统中操作质量评价系统的功能？

4. 进行化工仿真实验时，一般应注意哪些问题？

第八章　化工单元仿真实验

任何化工生产过程（装置）都是基于各类化工基本过程单元，根据不同的生产工艺要求而有机组合而成的。因此，掌握典型化工单元过程的特点、规律，对于化工及与化工相关专业的学生是在校学习的重点、难点。但是学校受自身条件局限及化工生产的特点，不能提供给学生与生产完全一致的实习环境。为了解决这种问题，结合中石油、中石化等大型化工企业实际需要，采用北京东方仿真软件技术有限公司开发的化工基本单元实习仿真系统辅助教学。

本章将通过9个单元仿真教学，让同学们了解实际工厂的生产过程，以便毕业后走向工作岗位，能够迅速适应工作需要，培养现代工程技术人员。

实验十五　离心泵操作仿真实验

一、操作目的

提高所输送工艺物料的压力，以实现工艺物料恒流量的远距离的输送，从低处送向高处，从低压设备送向高压设备，并保证设备的正常与安全运行。

二、工艺流程简介

流体输送过程是化工生产中最常见的单元操作。流体输送操作必须采用可为流体提高能量的输送设备，以便克服输送过程的机械能损失、提高位能、提高流体的压强。通常，将输送液体的设备称为泵，而其中靠离心作用的叫离心泵。离心泵PID工艺流程图如图8-1，离心泵DCS流程图和现场图如图8-2。

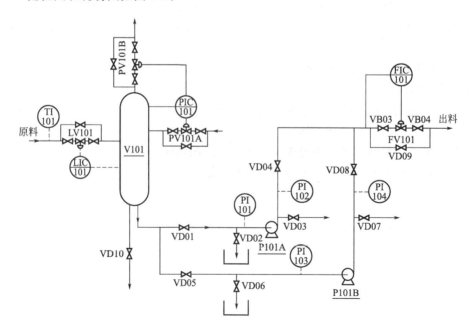

图 8-1　离心泵 PID 工艺流程图

V101—离心泵前罐；P101A—离心泵 A；P101B—离心泵 B（备用泵）

本实验采用来自某一设备约 40℃的带压液体经调节阀 LV101 进入带压储罐 V101，罐液位由液位控制器 LIC101 通过调节 V101 的进料量来控制；罐内压力由 PIC101 分程控制，PV101A、PV101B 分别调节进入 V101 和排出 V101 的氮气量，从而保持罐压恒定在 5.0atm（表压）。罐内液体由泵 P101A/B 抽出，泵出口流量在流量调节器 FIC101 的控制下输

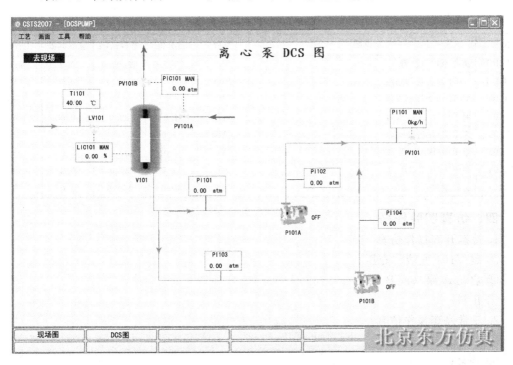

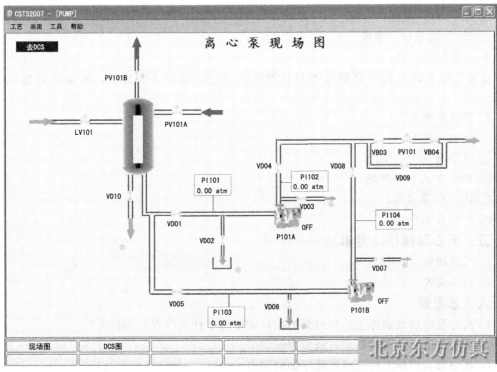

图 8-2 离心泵 DCS 流程图和现场图

送到其他工段。在化工生产中，为保证突发事故出现时仍能正常生产，大多数设备都有备用，所以，泵 P101A 与泵 P101B，只选择其中一台正常使用，另一台为备用。

三、离心泵操作工艺指标

仿真控制工艺指标，如表 8-1 所示。

表 8-1 工艺指标一览表

位号	说明	类型	目标值	量程高限	量程低限	工程单位
FIC101	离心泵出口流量	PID	20000.0	40000.0	0.0	kg/h
LIC101	V101 液位控制系统	PID	50.0	100.0	0.0	％
PIC101	V101 压力控制系统	PID	5.0	10.0	0.0	atm
PI101	泵 P101A 入口压力	AI	4.0	20.0	0.0	atm
PI102	泵 P101A 出口压力	AI	12.0	30.0	0.0	atm
PI103	泵 P101B 入口压力	AI	4.0	20.0	0.0	atm
PI104	泵 P101B 出口压力	AI	12.0	30.0	0.0	atm
TI101	进料温度	AI	40.0	100.0	0.0	℃

四、仿真实验任务

1. 冷态开车操作仿真

① 罐 V101 充液、充压；

② 启动 A 泵（或 B 泵）；

③ 出料。

2. 正常停车操作仿真

① V101 罐停进料；

② 停泵；

③ 泵 P101A 泄液；

④ V101 罐泄压、泄液。

3. 正常操作仿真

正常工况下的工艺参数指标控制在操作正常值，如表 8-1 所示，根据实际情况进行调节。

4. 事故处理仿真

① P101A 泵坏；

② 调节阀 FV101 阀卡；

③ P101A 入口管线堵；

④ P101A 泵气蚀；

⑤ P101A 泵气缚。

五、离心泵操作注意事项

1. 气缚现象

2. 汽蚀现象

六、思考题

1. 离心泵在启动和停止运行时泵的出口阀应处于什么状态？为什么？

2. 离心泵出口压力过高或过低应如何调节？

3. 离心泵入口压力过高或过低应如何调节？

4. 一台离心泵在正常运行一段时间后，流量开始下降，可能会有哪些原因？

实验十六 液位控制系统操作仿真实验

一、操作目的

保证化工生产顺利进行，实现工艺物料连续稳定输送，不间断，满足其他工段的工艺要求，保持各容器液位正常，并保证设备的正常与安全运行。

二、工艺流程简介

多级液位控制和原料的比例混合，是化工生产中经常遇到的问题，要求做到平稳准确地控制。首先，按流程中主物料流向逐渐建立液位，其次应准确分析流程，找出主副控制变量，选择合理的自动控制方案，并进行正确的控制操作。在整个控制过程中注重动态平衡的控制。液位控制 PID 工艺流程图如图 8-3 所示，液位控制流程 DCS 图和现场图如图 8-4 所示。

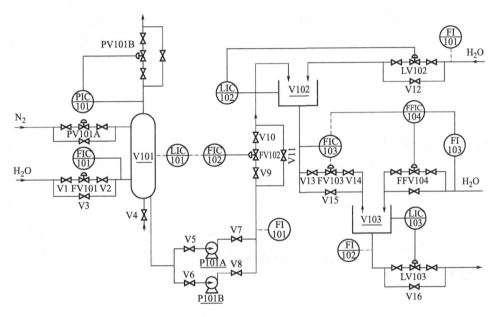

图 8-3 液位控制 PID 工艺流程图

V101—缓冲罐；V102—恒压中间罐；V103—恒压产品罐；

P101A—底抽出泵；P101B—底抽出备用泵

原料缓冲罐 V101 只有一股来料，8kgf/cm² 压力的液体通过调节阀 FIC101 向罐 V101 充液，此罐压力由调节阀 PIC101 分程控制，缓冲罐压力高于分程点（5.0atm）时，PV101B 自动打开泄压，压力低于分程点时，PV101B 自动关闭，PV101A 自动打开给罐充压，使 V101 压力控制在 5atm。缓冲罐 V101 液位调节器 LIC101 和流量调节阀 FIC102 串级调节，一般液位正常控制在 50% 左右，自 V101 底抽出液体通过泵 P101A 或 P101B（备用泵）打入罐 V102，该泵出口压力一般控制在 9atm，FIC102 流量正常控制在 20000kg/h。

罐 V102 有两股来料，一股为 V101 通过 FIC102 与 LIC101 串级调节后来的流量；另一股为通过调节阀 LIC102 进入罐 V102，一般 V102 液位控制在 50% 左右，V102 底液抽出通过调节阀 FIC103 进入 V103，正常工况时 FIC103 的流量控制在 30000kg/h。

罐 V103 也有两股进料，一股来自于 V102，另一股为通过 FIC103 与 FI103 比值调节进入 V103 的料液，比值系数为 2∶1，V103 中的液体通过 LIC103 调节阀输出，正常时罐 V103 液位控制在 50% 左右。

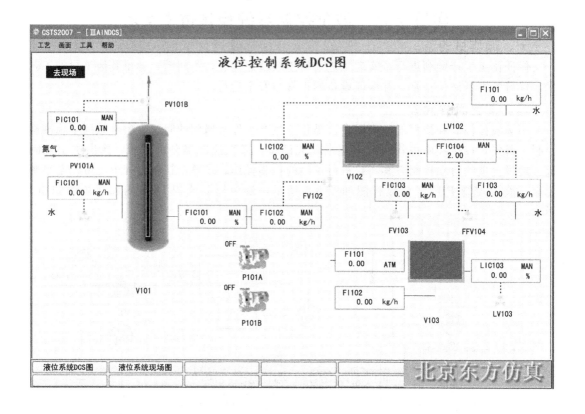

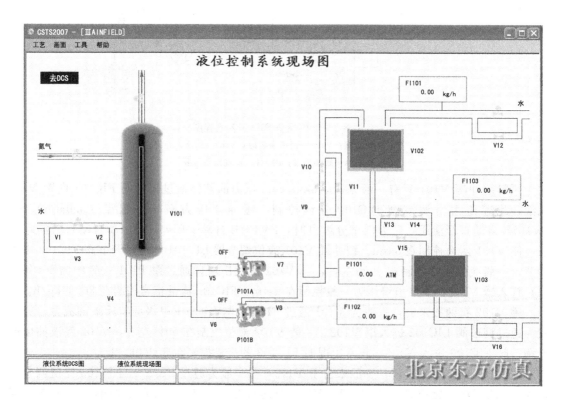

图 8-4　液位控制流程 DCS 图和现场图

三、仿真实验工艺指标

仿真控制工艺指标，如表 8-2 所示。

表 8-2　工艺指标一览表

位号	说　　明	类型	正常值	量程高限	量程低限	工程单位
FIC101	V101 进料流量	PID	20000.0	40000.0	0.0	kg/h
FIC102	V101 出料流量	PID	20000.0	40000.0	0.0	kg/h
FIC103	V102 出料流量	PID	30000.0	60000.0	0.0	kg/h
FIC104	V103 进料流量	PID	15000.0	30000.0	0.0	kg/h
LIC101	V101 液位	PID	50.0	100.0	0.0	%
LIC102	V102 液位	PID	50.0	100.0	0.0	%
LIC103	V103 液位	PID	50.0	100.0	0.0	%
PIC101	V101 压力	PID	5.0	10.0	0.0	kgf/cm^2
FI103	V103 进料流量	AI	15000.0	30000.0	0.0	kg/h
PI101	P101A/B 出口压	AI	9.0	10.0	0.0	kgf/cm^2

四、仿真实验任务

1. 冷态开车操作仿真

① 缓冲罐 V101 充压及液位建立；

② 中间储槽 V102 液位的建立；

③ 产品储槽 V103 液位的建立。

2. 正常停车操作仿真

① 关进料线；

② 将调节器改手动控制；

③ V101 泄压及排放。

3. 正常操作仿真

正常工况下的工艺参数指标控制在操作正常值，如表 8-2 所示，根据实际情况进行调节。

4. 事故处理仿真

① 泵 P101A 坏；

② 调节阀 FIC102 阀卡。

五、思考题

1. 请问在调节器 FIC103 和 FFIC104 组成的比值控制回路中，哪一个是主动量？为什么？

2. 在开/停车时，为什么要特别注意维持流经调节阀 FV103 和 FFV104 的液体流量比值为 2？

3. 停车时为什么"先排凝后放压"？

实验十七　单级压缩机操作仿真实验

一、操作目的

提高所输送气体的压力，以实现气体远距离的输送，送入高压设备，以维持高压设备内压力，并保证设备的正常与安全运行。

二、工艺流程简介

输送和压缩气体的设备统称为气体压送机械，作用与液体输送机械相类似，都是对流体做功，以提高流体的压强。单级压缩机 PID 工艺流程图如图 8-5 所示，单级压缩机 DCS 流程图和现场图如图 8-6 所示。

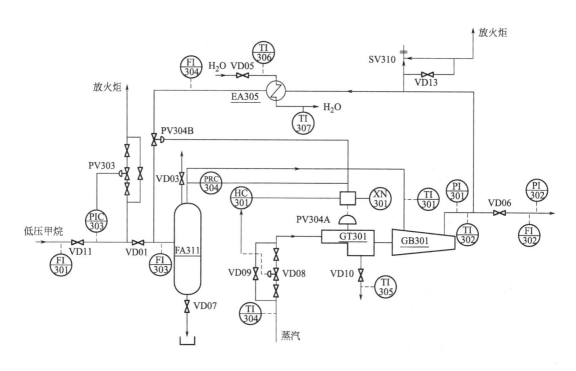

图 8-5　单级压缩机 PID 工艺流程图

FA311—低压甲烷储罐；GT301—蒸汽透平；GB301—单级压缩机；

EA305—压缩机回流冷却器

本实验采用压力为 $1.2 \sim 1.6 \mathrm{kgf/cm^2}$（绝压），温度为 30℃ 左右的低压甲烷，经阀 VD11、阀 VD01 进入甲烷贮罐 FA311，罐内压力控制在 $300 \mathrm{mmH_2O}$（表）。甲烷从贮罐 FA311 出来，进入压缩机 GB301，经过压缩机压缩，出口排出压力为 $4.03 \mathrm{kgf/cm^2}$（绝压），温度为 160℃ 的中压甲烷，然后经过手动控制阀 VD06 进入燃料系统。

为防止压缩机发生喘振，本单元设计了由压缩机出口至贮罐 FA311 的返回管路，即由压缩机出口经过换热器 EA305 和 PV304B 阀到储罐的管线。返回的甲烷经冷却器 EA305 冷却。另外储罐 FA311 有一超压保护控制器 PIC303，当 FA311 压力超高时，低压甲烷可以经 PIC303 打开阀门控制放火炬，使罐中压力降低。压缩机 GB301 由蒸汽透平 GT301 同轴驱动，蒸汽透平的供汽为压力 $15 \mathrm{kgf/cm^2}$（绝压）温度为 290℃ 的来自管网的中压蒸汽，排汽为压力 $3 \mathrm{kgf/cm^2}$（绝压）温度为 200℃ 的降压蒸汽，进入低压蒸汽管网。

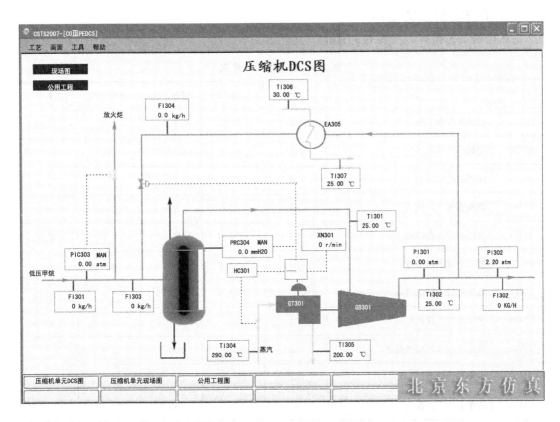

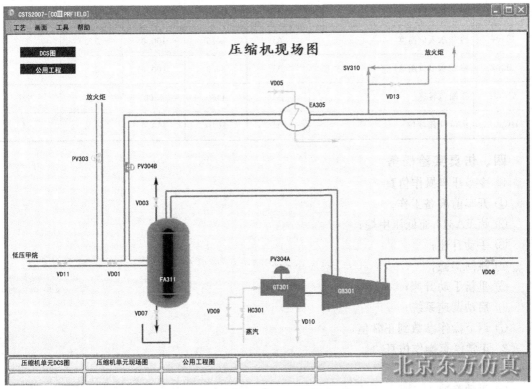

图 8-6 单级压缩机 DCS 和现场流程图

三、仿真实验工艺指标

仿真控制工艺指标，如表 8-3 所示。

表 8-3　工艺指标一览表

位号	说明	类型	正常值	量程上限	量程下限	工程单位
PIC303	放火炬控制系统	PID	0.1	4.0	0.0	atm
PRC304	储罐压力控制系统	PID	295.0	40000.0	0.0	mmH$_2$O
PI301	压缩机出口压力	AI	3.03	5.0	0.0	atm
PI302	燃料系统入口压力	AI	2.03	5.0	0.0	atm
FI301	低压甲烷进料流量	AI	3233.4	5000.0	0.0	kg/h
FI302	燃料系统入口流量	AI	3201.6	5000.0	0.0	kg/h
FI303	低压甲烷入罐流量	AI	3201.6	5000.0	0.0	kg/h
FI304	中压甲烷回流流量	AI	0.0	5000.0	0.0	kg/h
TI301	低压甲烷入压缩机温度	AI	30.0	200.0	0.0	℃
TI302	压缩机出口温度	AI	160.0	200.0	0.0	℃
TI304	透平蒸汽入口温度	AI	290.0	400.0	0.0	℃
TI305	透平蒸汽出口温度	AI	200.0	400.0	0.0	℃
TI306	冷却水入口温度	AI	30.0	100.0	0.0	℃
TI307	冷却水出口温度	AI	30.0	100.0	0.0	℃
XN301	压缩机转速	AI	4480	4500	0	r/min
HC301	FA311 罐液位	AI	50.0	100.0	0.0	%

四、仿真实验任务

1. 冷态开车操作仿真

① 开车前准备工作；

② 罐 FA311 充低压甲烷；

③ 手动升速；

④ 跳闸实验；

⑤ 重新手动升速；

⑥ 启动调速系统；

⑦ 调节操作参数到正常值。

2. 正常停车操作仿真

① 停调速系统；

② 手动降速；

③ 关闭 FA311 进料。

3. 正常操作仿真

正常工况下的工艺参数指标控制在操作正常值，如表 8-3 所示，根据实际情况进行调节。

4. 事故处理仿真

① 入口压力过高；

② 出口压力过高；

③ 入口管道破裂；

④ 出口管道破裂；

⑤ 入口温度过高。

五、思考题

1. 在手动调速状态，为什么防喘振线上的防喘振阀 PV304B 全开，可以防止喘振？

2. 结合伯努利方程，说明压缩机如何做功，进行动能、压力和温度之间的转换。

实验十八 多级压缩机操作仿真实验

一、操作目的

提高所输送气体的压力，但是单级压缩机无法完成任务，需用多级压缩机，以实现气体远距离的输送，送入高压设备，以维持高压设备内压力，并保证设备的正常与安全运行。

二、工艺流程简介

CO_2 气路系统 DCS 图和现场如图 8-7 所示，透平和油系统 DCS 图和现场图如图 8-8 所示。

CO_2 流程：来自合成氨装置的原料气 CO_2 压力为 150kPa，温度 38℃，流量由 FR8103 计量，进入 CO_2 压缩机一段分离器 V-111，在此分离掉 CO_2 气相中夹带的液滴后进入 CO_2 压缩机的一段入口，经过一段压缩后，CO_2 压力上升为 0.38MPa，温度 194℃，进入一段冷却器 E-119 用循环水冷却到 43℃，为了保证尿素装置防腐所需氧气，在 CO_2 进入 E-119 前加入适量来自合成氨装置的空气，流量由 FRC8101 调节控制，CO_2 气中氧含量 0.25％～0.35％，在一段分离器 V-119 中分离掉液滴后进入二段进行压缩，二段出口 CO_2 压力 1.866MPa，温度为 227℃。然后进入二段冷却器 E-120 冷却到 43℃，并经二段分离器 V-120 分离掉液滴后进入三段。

在三段入口设计有段间放空阀，便于低压缸 CO_2 压力控制和快速泄压。CO_2 经三段压缩后压力升到 8.046MPa，温度 214℃，进入三段冷却器 E-121 中冷却。为防止 CO_2 过度冷却而生成干冰，在三段冷却器冷却水回水管线上设计有温度调节阀 TIC8111，用此阀来控制四段入口 CO_2 温度在 50～55℃之间。冷却后的 CO_2 进入四段压缩后压力升到 15.5MPa，温度为 121℃，进入尿素高压合成系统。为防止 CO_2 压缩机高压缸超压、喘振，在四段出口管线上设计有四回一阀 HV-8162（即 HIC8162）。

蒸汽流程：主蒸汽压力 5.882MPa，湿度 450℃，流量 82t/h，进入透平做功，其中一部分在透平中部被抽出，抽汽压力 2.598MPa，温度 350℃，流量 54.4t/h，另一部分通过中压调节阀进入透平后汽缸继续做功，做完功后的乏汽进入蒸气冷凝系统。

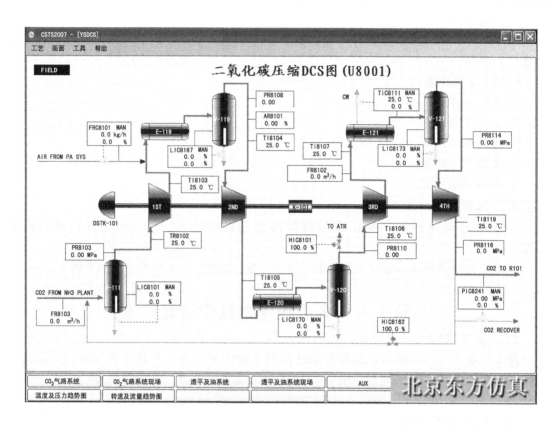

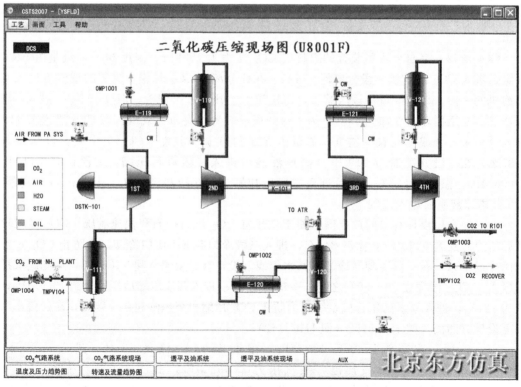

图 8-7　CO_2 气路系统 DCS 图和现场图

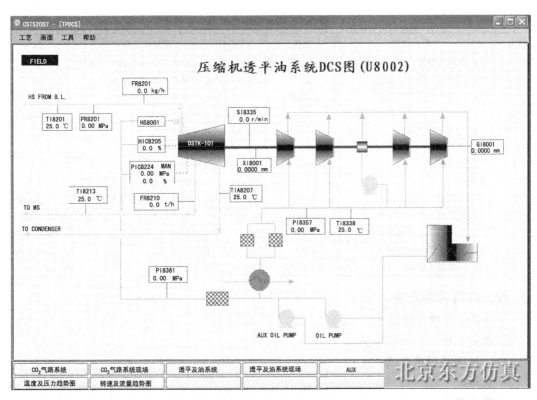

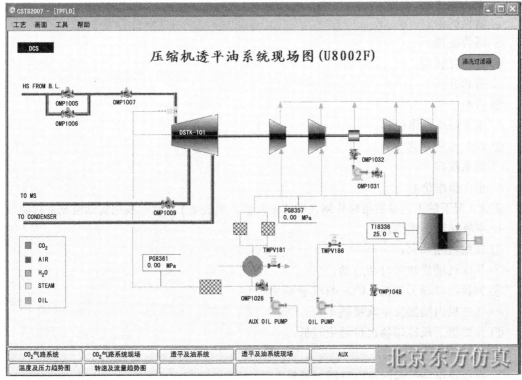

图 8-8 透平和油系统 DCS 图和现场图

三、仿真实验工艺指标

仿真控制工艺指标，如表 8-4 所示。

表 8-4　工艺指标一览表

位号	测量点位置	常值	位号	测量点位置	常值
TR8102	CO_2 原料气温度	40℃	TIC8111	CO_2 压缩机三段冷却器出口温度	52℃
TI8103	CO_2 压缩机一段出口温度	190℃	TI8119	CO_2 压缩机四段出口温度	120℃
PR8108	CO_2 压缩机一段出口压力	0.28MPa	PIC8241	CO_2 压缩机四段出口压力	15.4MPa
TI8104	CO_2 压缩机一段冷却器出口温度	43℃	PIC8224	出透平中压蒸汽压力	2.5MPa
FRC8101	二段空气补加流量	330kg/h	FR8201	入透平蒸汽流量	82T/h
FR8103	CO_2 吸入流量	27000m^3/h	FR8210	出透平中压蒸汽流量	54.4t/h
FR8102	三段出口流量	27330m^3/h	TI8213	出透平中压蒸汽温度	350℃
AR8101	含氧量	0.25%~0.3%	TI8338	CO_2 压缩机油冷器出口温度	43℃
TE8105	CO_2 压缩机二段出口温度	225℃	PI8357	CO_2 压缩机油滤器出口压力	0.25MPa
PR8110	CO_2 压缩机二段出口压力	1.8MPa	PI8361	CO_2 控制油压力	0.95MPa
TI8106	CO_2 压缩机二段冷却器出口温度	43℃	SI8335	压缩机转速	6935rpm
TI8107	CO_2 压缩机三段出口温度	214℃	XI8001	压缩机振动	0.022mm
PR8114	CO_2 压缩机三段出口压力	8.02MPa	GI8001	压缩机轴位移	0.24mm

四、仿真实验任务

1. 冷态开车操作仿真

① 准备工作——引循环水；

② CO_2 压缩机油系统开车；

③ 盘车；

④ 停止盘车；

⑤ 联锁试验；

⑥ 暖管暖机；

⑦ 过临界转速；

⑧ 升速升压；

⑨ 投料。

2. 正常停车操作仿真

① CO_2 压缩机停车；

② 油系统停车。

3. 正常操作仿真

正常工况下的工艺参数指标控制在操作正常值，如表 8-4 所示，根据实际情况进行调节。

4. 事故处理操作仿真

① 压缩机振动大；

② 压缩机辅助油泵自动启动；

③ 四段出口压力偏低，CO_2 打气量偏少；

④ 压缩机因喘振发生联锁跳车；

⑤ 压缩机三段冷却器出口温度过低。

五、思考题

1. 哪些操作会引起四段出口压力偏低？

2. 在正常工况下 CO_2 压缩机油滤器出口压力低于正常值 0.25MPa 时如何处理？

3. 当压缩机升速升压后机组转速 SI8335 达到 6935r/min 左右后，观察到 CO_2 压缩机各段出口压力如 PR8114 等下降低于正常值后并发生剧烈波动如何处理？

实验十九 真空泵操作仿真实验

一、操作目的

降低设备或系统中的压力，使其形成负压，实现化工生产实际需要，维持低压设备或系统内压力，并保证设备的正常与安全运行。

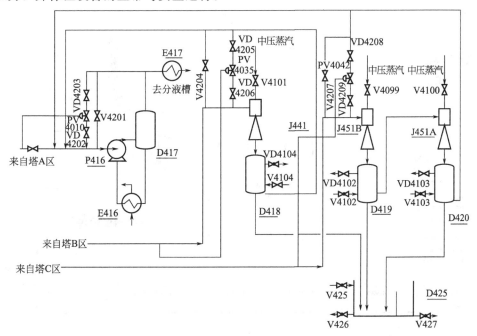

图 8-9 真空系统 PID 工艺流程图

D418—压力缓冲罐；D419—压力缓冲罐；D420—压力缓冲罐；P416—液环真空泵；
D417—气液分离罐；J441—蒸汽喷射泵；E416—换热器；J451A—蒸汽喷射泵；
E417—换热器；J451B—蒸汽喷射泵；D425—封液罐

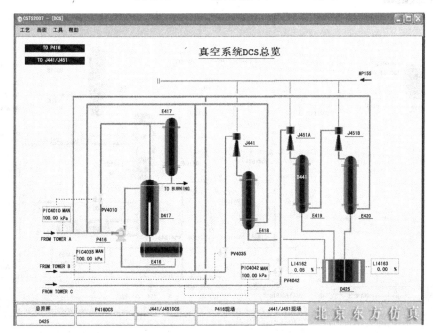

图 8-10 真空系统 DCS 总览图

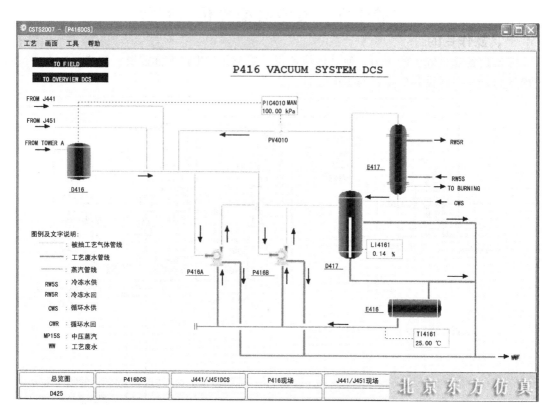

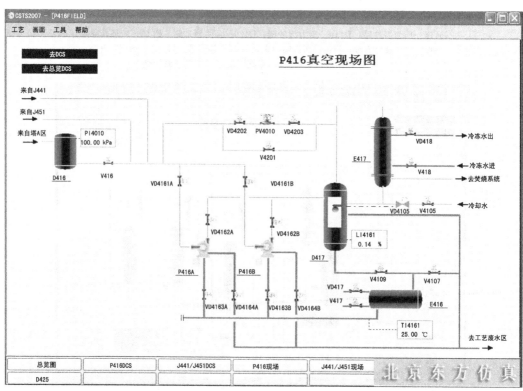

图 8-11　P416 真空 DCS 图和现场图

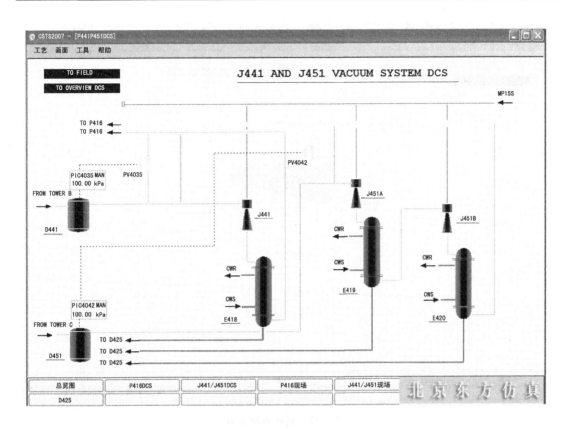

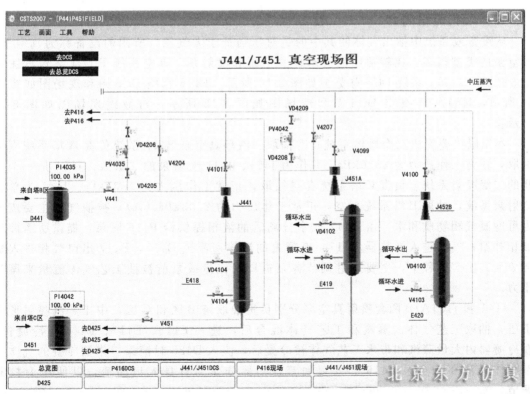

图 8-12 J441/451 真空 DCS 图和现场图

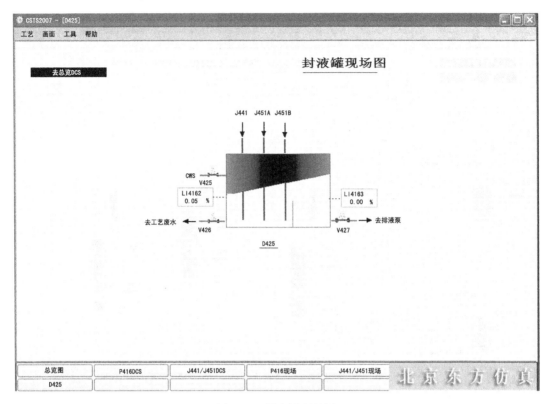

图 8-13　封液罐现场图

二、工艺流程简介

从设备或系统中抽出气体使其中的绝对压强低于大气压,所用的设备称为真空泵。真空泵的类型很多,比较常用的有水环真空泵和喷射泵。真空系统 PID 工艺流程图如图 8-9 所示,真空系统 DCS 总览图如图 8-10 所示,P416 真空 DCS 图和现场图如图 8-11 所示,J441/451 真空 DCS 图和现场图如图 8-12 所示,封液罐现场图如图 8-13 所示。

本工段主要完成三个塔体系统真空抽取。液环真空泵 P416 系统负责 A 塔系统真空抽取,正常工作压力为 26.6kPa,并作为 J451、J441 喷射泵的二级泵。J451 是一个串联的二级喷射系统,负责 C 塔系统真空抽取,正常工作压力为 1.33kPa。J441 为单级喷射泵系统,抽取 B 塔系统真空,正常工作压力为 2.33kPa(A)。被抽气体主要成分为可冷凝气相物质和水。由 D417 气水分离后的液相提供给 P416 灌泵,提供所需液环液相补给;气相进入换热器 E417,冷凝出的液体回流至 D417,E417 出口气相进入焚烧单元。生产过程中,主要通过调节各泵进口回流量或泵前被抽工艺气体流量来调节压力。

J441 和 J451A/B 两套喷射真空泵分别负责抽取塔 B 区和 C 区,中压蒸汽喷射形成负压,抽取工艺气体。蒸汽和工艺气体混合后,进入 E418、E419、E420 等冷凝器。在冷凝器内大量蒸汽和带水工艺气体被冷凝后,流入 D425 封液罐。未被冷凝的气体一部分作为液环真空泵 P416 的入口回流,一部分作为自身入口回流,以便压力控制调节。

D425 主要作用是为喷射真空泵系统提供封液。防止喷射泵喷射被压过大而无法抽取真空。开车前应该为 D425 灌液，当液位超过液位计最下端时，方可启动喷射泵系统。

三、仿真实验工艺指标

仿真控制工艺指标，如表 8-5 所示。

表 8-5 工艺指标一览表

位号	说　明	目标值	工程单位
PIC4010	水环真空泵 P416 正常工作压力	26.6	kPa
PIC4035	J441 喷射泵正常工作压力	3.33	kPa
PIC4042	J451 喷射泵正常工作压力	1.33	kPa
TI4161	出口水温	8.17	℃
LI4161	气液分离罐液位	68.78	%
LI4162	封液罐左室液位	80.84	%
LI4163	封液罐右室液位	≤50	%

四、仿真实验任务

1. 冷态开车操作仿真

① 液环真空泵和喷射真空泵灌水；

② 开液环泵；

③ 开喷射泵；

④ 检查 D425 左右室液位，开阀 V427，防止右室液位过高。

2. 正常停车操作仿真

① 停喷射泵系统；

② 停液环真空系统；

③ 排液。

3. 正常操作仿真

正常工况下的工艺参数指标控制在操作正常值，如表 8-5 所示，根据实际情况进行调节。

4. 事故处理仿真

① 喷射泵未正常工作；

② 液环泵灌水阀未开；

③ 液环抽气能力下降（温度对液环真空影响）；

④ J441 蒸汽阀漏；

⑤ PV4010 阀卡。

五、思考题

1. 水环真空泵、喷射真空泵各有哪些特点？

2. 简述喷射真空泵的工作过程。

3. 本单元压力回路是如何控制的？

4. 本单元中 D417 内液位应如何控制？

实验二十　列管式换热器操作仿真实验

一、操作目的

用管壳式换热器回收热流体热量,把冷流体加热到一定的温度,并将自身降温到一定温度,保持换热器冷热流体出口温度稳定,并保证设备的正常与安全运行。

二、工艺流程简介

仿真采用工业常用管壳式换热器,PID 工艺流程图如图 8-14 所示,DCS 图和现场图如图 8-15 所示。

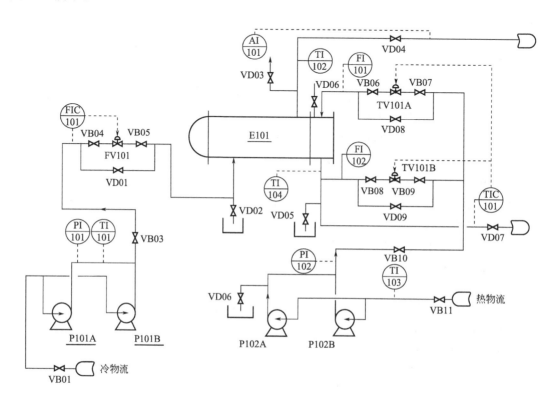

图 8-14　列管式换热器 PID 工艺流程图

E101—列管式换热器;P101A—冷物流泵;P101B—冷物流备用泵;

P102A—热物流泵;P102B—热物流备用泵

本实验采用来自其他工段的 92℃冷物流(沸点:198.25℃)由泵 P101A/B 送至换热器 E101 的壳程被流经管程的热物流加热至 145℃,并有 20%被汽化。冷物流流量由流量控制器 FIC101 控制,正常流量为 12000kg/h。来自另一设备的 225℃热物流经泵 P102A/B 送至换热器 E101 与流经壳程的冷物流进行热交换,热物流出口温度由 TIC101 控制(177℃)。

为保证热物流的流量稳定,TIC101 采用分程控制,TV101A 和 TV101B 分别调节流经 E101 和副线的流量,TIC101 输出 0~100%分别对应 TV101A 开度 0~100%,TV101B 开度 100%~0。

三、仿真实验工艺指标

仿真控制工艺指标,如表 8-6 所示。

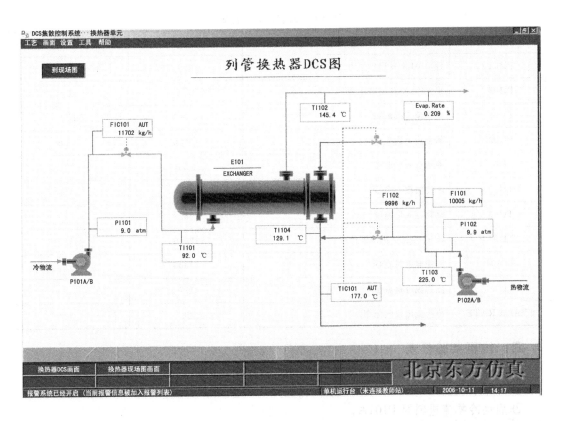

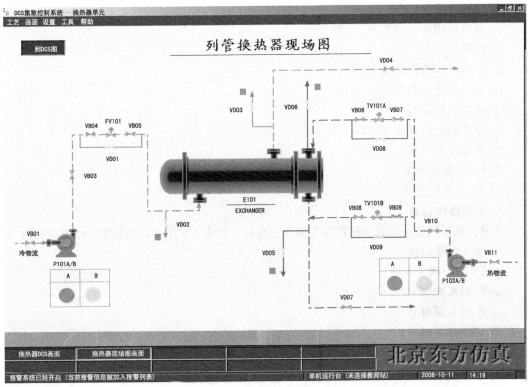

图 8-15 列管式换热器 DCS 图和现场图

表 8-6 工艺指标一览表

位号	显示变量	正常值	单位
PI101	泵 P101A/B 出口压力	9.0	atm
PI102	泵 P102A/B 出口压力	10.0	atm
FI101	热物流主线流量	10000	kg/h
FI102	热物流副线流量	10000	kg/h
TI101	冷物流入口温度	92.0	℃
TI102	冷物流出口温度	145.0	℃
TI103	热物流入口温度	225.0	℃
TI104	E101 热物流出口温度	129.0	℃
FIC101	冷物流进料流量	12000	kg/h
TIC101	热物流进料流量	177	℃
EVAPO. RATE	冷物流出口汽化率	20	%

四、仿真实验任务

1. 冷态开车操作仿真

① 开车准备；

② 启动冷物流进料泵 P101A；

③ 冷物流 E101 进料；

④ 启动热物流入口泵 P102A；

⑤ 热物流进料。

2. 正常停车操作仿真

① 停热物流进料泵 P102A；

② 停热物流进料；

③ 停冷物流进料泵 P101A；

④ 停冷物流进料；

⑤ E101 管程泄液；

⑥ E101 壳程泄液。

3. 正常操作仿真

正常工况下的工艺参数指标控制在操作正常值，如表 8-6 所示，根据实际情况进行调节。

4. 事故处理仿真

① FIC101 阀卡；

② P101A 泵坏；

③ P102A 泵坏；

④ TV101A 阀卡；

⑤ 部分管堵；

⑥ 换热器结垢严重。

五、思考题

1. 冷态开车是先送冷物料，后送热物料；而停车时又要先关热物料，后关冷物料，为什么？

2. 开车时不排出不凝气会有什么后果？如何操作才能排净不凝气？

3. 为什么停车后管程和壳程都要高点排气、低点泄液？

4. 你认为本系统调节器 TIC101 的设置合理吗？如何改进？

实验二十一 精馏塔单元操作仿真实验

一、操作目的

从质量指标（产品纯度）、产品产量和能量消耗三个方面进行控制塔顶和塔底产品分离的要求，使总的收益最大或总的成本最小，使精馏塔稳定连续操作，并保证设备的正常与安全运行。

二、工艺流程简介

精馏是将液体混合物部分汽化，利用其中各组分相对挥发度的不同，通过液相和气相间的质量传递来实现对混合物分离。精馏 PID 流程图如图 8-16 所示，精馏 DCS 图和现场图如图 8-17 所示。

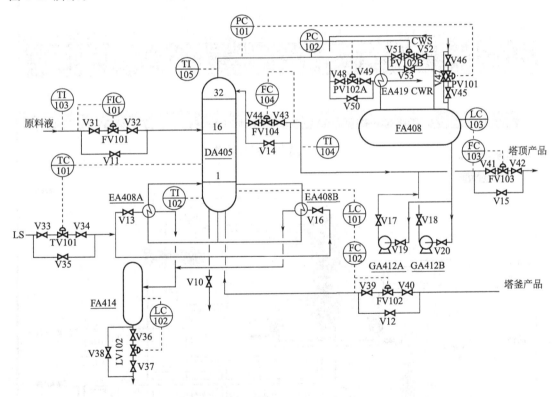

图 8-16 精馏 PID 工艺流程图

DA405—脱丁烷塔；EA419—塔顶冷凝器；FA408—塔顶回流罐；GA412A/B—回流泵

EA408A/B—塔釜再沸器；FA414—塔釜蒸汽缓冲罐

本实验以某原料为 67.8℃脱丙烷塔的釜液（主要有 C_4、C_5、C_6、C_7 等），由脱丁烷塔（DA405）的第 16 块板进料（全塔共 32 块板），进料量由流量控制器 FIC101 控制。灵敏板温度由调节器 TC101 通过调节再沸器加热蒸汽的流量，来控制提馏段灵敏板温度，从而控制丁烷的分离质量。

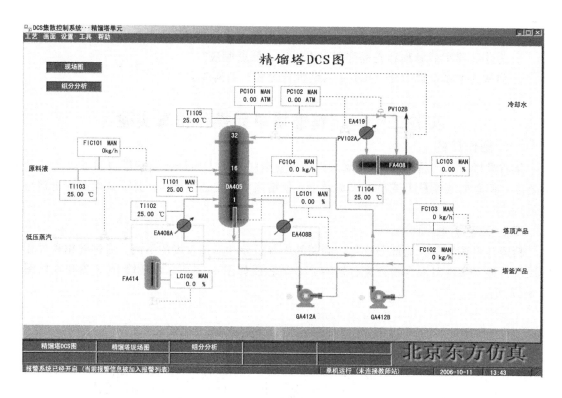

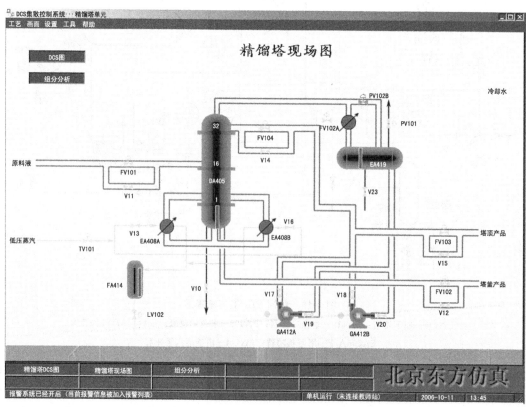

图 8-17　精馏 DCS 图和现场图

脱丁烷塔塔釜液（主要为 C_5 以上馏分）一部分作为产品采出，一部分经再沸器（EA408A、B）部分汽化为蒸气从塔底上升。塔釜的液位和塔釜产品采出量由 LC101 和 FC102 组成的串级控制器控制。再沸器采用低压蒸汽加热。塔釜蒸汽缓冲罐（FA414）液位由液位控制器 LC102 调节底部采出量控制。

塔顶的上升蒸汽（C_4 馏分和少量 C_5 馏分）经塔顶冷凝器（EA419）全部冷凝成液体，该冷凝液靠位差流入回流罐（FA408）。塔顶压力 PC102 采用分程控制：在正常的压力波动下，通过调节塔顶冷凝器的冷却水量来调节压力，当压力超高时，压力报警系统发出报警信号，PC102 调节塔顶至回流罐的排气量来控制塔顶压力调节气相出料。操作压力 4.25atm（表压），高压控制器 PC101 将调节回流罐的气相排放量，来控制塔内压力稳定。冷凝器以冷却水为载热体。回流罐液位由液位控制器 LC103 调节塔顶产品采出量来维持恒定。回流罐中的液体一部分作为塔顶产品送下一工序，另一部分液体由回流泵（GA412A、B）送回塔顶作为回流，回流量由流量控制器 FC104 控制。

三、仿真实验工艺指标

仿真控制工艺指标，如表 8-7 所示。

表 8-7　工艺指标一览表

位号	说明	类型	正常值	工程单位
FIC101	塔进料量控制	PID	14056.0	kg/h
FC102	塔釜采出量控制	PID	7349.0	kg/h
FC103	塔顶采出量控制	PID	6707.0	kg/h
FC104	塔顶回流量控制	PID	9664.0	kg/h
PC101	塔顶压力控制	PID	4.25	atm
PC102	塔顶压力控制	PID	4.25	atm
TC101	灵敏板温度控制	PID	89.3	℃
LC101	塔釜液位控制	PID	50.0	%
LC102	塔釜蒸汽缓冲罐液位控制	PID	50.0	%
LC103	塔顶回流罐液位控制	PID	50.0	%
TI102	塔釜温度	AI	109.3	℃
TI103	进料温度	AI	67.8	℃
TI104	回流温度	AI	39.1	℃
TI105	塔顶气温度	AI	46.5	℃

四、仿真实验任务

1. 冷态开车操作仿真

① 开车准备；

② 进料过程；

③ 启动再沸器；

④ 建立回流；

⑤ 调整至正常。

2. 正常停车操作仿真

① 降负荷；

② 停进料和再沸器；

③ 停回流；

④ 降压、降温。

3. 正常操作仿真

正常工况下的工艺参数指标控制在操作正常值，如表 8-7 所示，根据实际情况进行调节。

4. 事故处理仿真

① 加热蒸汽压力过高；

② 加热蒸汽压力过低；

③ 冷凝水中断；

④ 停电；

⑤ 回流泵故障；

⑥ 回流控制阀 FC104 阀卡。

五、精馏操作注意事项

1. 雾沫夹带；

2. 气泡夹带；

3. 漏液；

4. 液泛。

六、思考题

1. 如果塔顶温度、压力都超过标准，可以有几种方法将系统调节稳定？

2. 当系统在一较高负荷突然出现大的波动、不稳定，为什么要将系统降到一低负荷的稳态，再重新开到高负荷？

3. 若精馏塔灵敏板温度过高或过低，则意味着分离效果如何？应通过改变哪些变量来调节至正常？

4. 请分析本流程中如何通过分程控制来调节精馏塔正常操作压力。

实验二十二　吸收解吸操作仿真实验

一、操作目的

回收某混合气体中的有用组分，保持有用组分高的回收率，降低尾气中有用成分的含量，同时尽量减少吸收剂的用量、消耗量以及解吸能耗，以降低操作费用，实现吸收塔和解吸塔连续操作，并保证设备的正常与安全运行。

二、工艺流程简介

吸收解吸是石油化工生产过程中较常用的重要单元操作过程。吸收过程是利用气体混合物中各个组分在液体（吸收剂）中的溶解度不同，来分离气体混合物。吸收 PID 流程如图 8-18 所示，吸收 DCS 图和现场图如图 8-19 所示，解吸系统 DCS 图和现场图如图 8-20 所示。

本实验以 C_6 油为吸收剂，分离气体混合物（其中 C_4：25.13%，CO 和 CO_2：6.26%，N_2：64.58%，H_2：3.5%，O_2：0.53%）中的 C_4 组分（吸收质）。

从其他工段来的富气从底部进入吸收塔 T101。界区外来的纯 C_6 油吸收剂贮存于 C_6 油

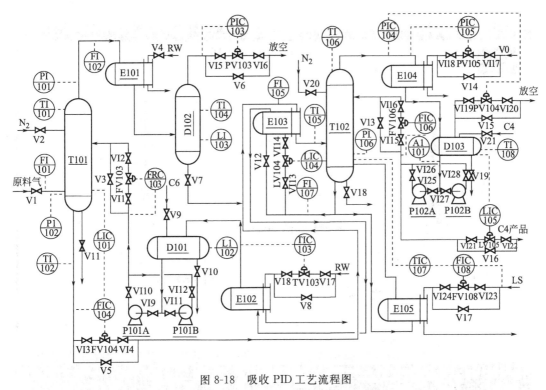

图 8-18　吸收 PID 工艺流程图

T101—吸收塔；P101A/B—C$_6$ 油供给泵；D101—C$_6$ 油贮罐；T102—解吸塔；D102—气液分离罐；

D103—解吸塔顶回流罐；E101—吸收塔顶冷凝器；E103—贫富油换热器；E102—循环油冷却器；

E104—解吸塔顶冷凝器；E105—解吸塔釜再沸器；P102A/B—解吸塔顶回流、塔顶产品采出泵

贮罐 D101 中，由 C$_6$ 油泵 P101A/B 送入吸收塔 T101 的顶部，C$_6$ 流量由 FRC103 控制。吸收剂 C$_6$ 油在吸收塔 T101 中自上而下与富气逆向接触，富气中 C$_4$ 组分被溶解在 C$_6$ 油中。不溶解的贫气自 T101 顶部排出，经盐水冷却器 E101 被 $-4℃$ 的盐水冷却至 $2℃$ 进入尾气分离罐 D102。吸收了 C$_4$ 组分的富油（C$_4$：8.2%，C$_6$：91.8%）从吸收塔底部排出，经贫富油换热器 E103 预热至 $80℃$ 进入解吸塔 T102。吸收塔塔釜液位由 LIC101 和 FIC104 通过调节塔釜富油采出量串级控制。

来自吸收塔顶部的贫气在尾气分离罐 D102 中回收冷凝的 C$_4$、C$_6$ 后，不凝气在 D102 压力控制器 PIC103（1.2MPa，表压）控制下排入放空总管进入大气。回收的冷凝液（C$_4$、C$_6$）与吸收塔釜排出的富油一起进入解吸塔 T-102。

预热后的富油进入解吸塔 T102 进行解吸分离。塔顶气相出料（C$_4$：95%）经全冷器 E104 换热降温至 $40℃$ 全部冷凝进入塔顶回流罐 D103，其中一部分冷凝液由 P102A/B 泵打回流至解吸塔顶部，回流量 8.0t/h，由 FIC106 控制，其他部分作为 C$_4$ 产品在液位控制（LIC105）下由 P102A/B 泵抽出。塔釜 C$_6$ 油在液位控制（LIC104）下，经贫富油换热器 E103 和盐水冷却器 E102 降温至 $5℃$ 返回至 C$_6$ 油贮罐 D101 再利用，返回温度由温度控制器 TIC103 通过调节 E102 循环冷却水流量控制。

T102 塔釜温度由 TIC104 和 FIC108 通过调节塔釜再沸器 E105 的蒸汽流量串级控制，控制温度 $102℃$。塔顶压力由 PIC105 通过调节塔顶冷凝器 E104 的冷却水流量控制，另有一塔顶压力保护控制器 PIC104，在塔顶有凝气压力高时通过调节 D103 放空量降压。

因为塔顶 C$_4$ 产品中含有部分 C$_6$ 油及其他 C$_6$ 油损失，所以随着生产的进行，要定期观

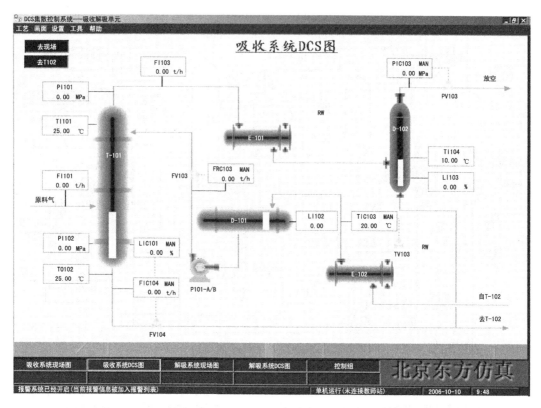

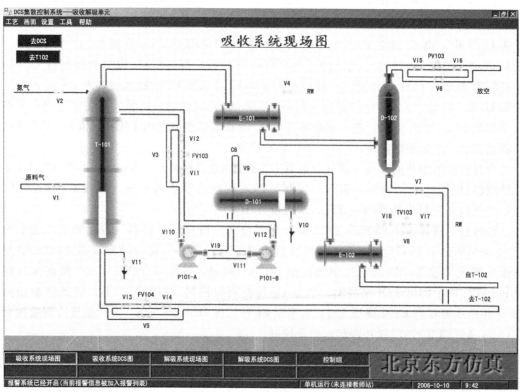

图 8-19　吸收系统 DCS 图和现场图

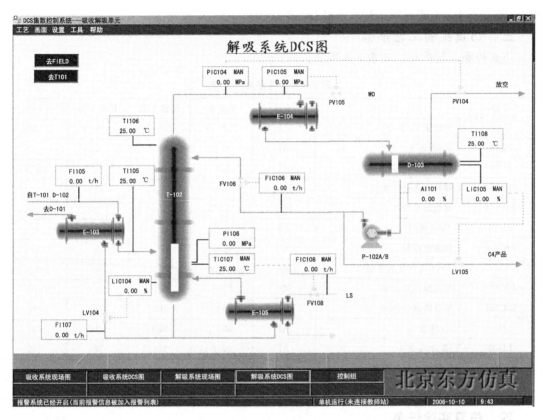

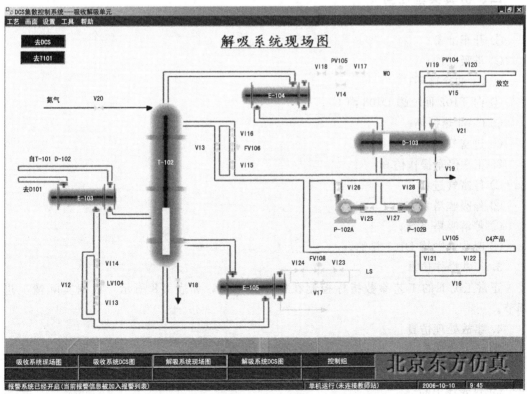

图 8-20　解吸系统 DCS 图和现场图

察 C₆ 油贮罐 D101 的液位，补充新鲜 C₆ 油。

三、仿真实验工艺指标

仿真控制工艺指标，如表 8-8 所示。

表 8-8 工艺指标一览表

位号	说明	类型	正常值	量程上限	量程下限	工程单位
AI101	回流罐 C₄ 组分	AI	>95.0	100.0	0	%
FI101	T101 进料	AI	5.0	10.0	0.	t/h
FI102	T101 塔顶气量	AI	3.8	6.0	0	t/h
FRC103	吸收油流量控制	PID	13.50	20.0	0	t/h
FIC104	富油流量控制	PID	14.70	20.0	0	t/h
FI105	T102 进料	AI	14.70	20.0	0	t/h
FIC106	回流量控制	PID	8.0	14.0	0	t/h
FI107	T101 塔底贫油采出	AI	13.41	20.0	0	t/h
FIC108	加热蒸汽量控制	PID	2.963	6.0	0	t/h
LIC101	吸收塔液位控制	PID	50	100	0	%
LI102	D101 液位	AI	60.0	100	0	%
LI103	D102 液位	AI	50.0	100	0	%
LIC104	解吸塔釜液位控制	PID	50	100	0	%
LIC105	回流罐液位控制	PID	50	100	0	%

四、仿真实验任务

1. 冷态开车操作仿真

① 开车准备；

② 进吸收油；

③ C₆ 油冷循环；

④ 向 T102 回流罐 D103 灌 C₄；

⑤ C₆ 油热循环；

⑥ 进富气。

2. 正常停车操作仿真

① 停富气进料；

② 停吸收塔系统；

③ 停解吸塔系统；

④ 吸收油贮罐 D101 排油。

3. 正常操作仿真

正常工况下的工艺参数指标控制在操作正常值，如表 8-8 所示，根据实际情况进行调节。

4. 事故处理仿真

① 冷却水中断；

② 加热蒸汽中断；

③ 仪表线中断；

④ 停电；

⑤ P101A 泵坏；

⑥ LIC104 调节阀卡；

⑦ 换热器 E105 结垢严重。

五、思考题

1. 请从节能的角度对换热器 E103 在本单元的作用做出评价？

2. 操作时若发现富油无法进入解吸塔，会有哪些原因导致？应如何调整？

3. C_6 油贮罐进料阀为一手操阀，有没有必要在此设一个调节阀，使进料操作自动化？为什么？

实验二十三　萃取塔操作仿真实验

一、操作目的

采用萃取方法实现液体混合物的分离，实现萃取塔连续操作，同时尽量减少萃取剂的用量和能耗，以降低操作费用，并保证设备的正常与安全运行。

二、工艺流程简介

利用化合物在两种互不相溶（或微溶）的溶剂中溶解度或分配系数的不同，使化合物从一种溶剂内转移到另外一种溶剂中。经过反复多次萃取，将绝大部分的化合物提取出来。萃取 PID 流程图如图 8-21 所示，萃取 DCS 图和现场图如图 8-22 所示。

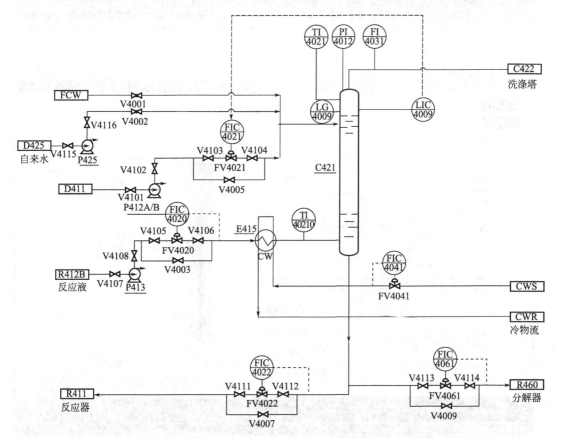

图 8-21　萃取单元 PID 工艺流程图

P425—进水泵；E415—冷却器；P412A/B—溶剂进料泵；C421—萃取塔；P413—主物流进料泵

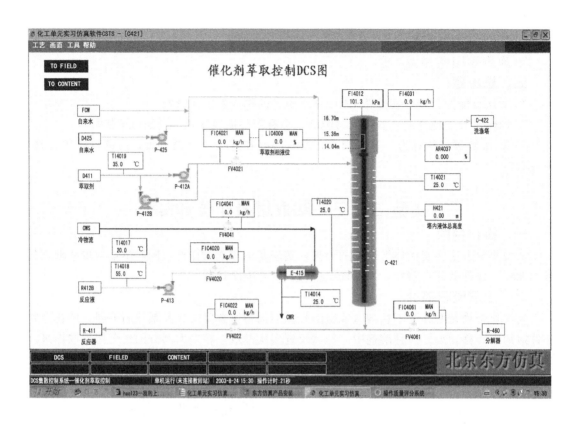

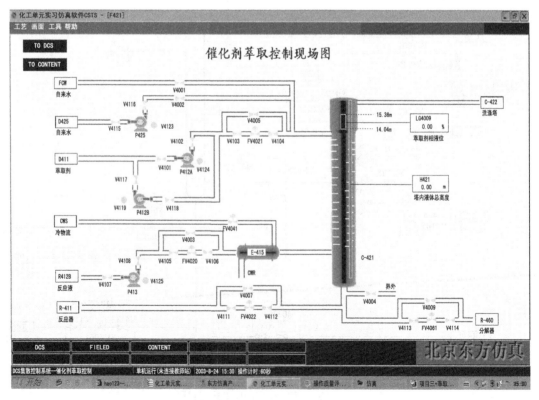

图 8-22 萃取单元 DCS 图和现场图

　　本实验以萃取剂（水）来萃取丙烯酸丁酯生产过程中的催化剂（对甲苯磺酸）。将自来水（FCW）通过阀 V4001 或者通过泵 P425 及阀 V4002 送进催化剂萃取塔 C421，当液位调节器 LIC4009 为 50％时，关闭阀 V4001 或者泵 P425 及阀 V4002；开启泵 P413 将含有产品和催化剂的 R412B 的流出物在被 E415 冷却后进入催化剂萃取塔 C421 的塔底；开启泵 P412A，将来自 D411 作为溶剂的水从顶部加入。泵 P413 的流量由 FIC4020 控制在 21126.6kg/h；P412 的流量由 FIC4021 控制在 2112.7kg/h；萃取后的丙烯酸丁酯主物流从塔顶排出，进入塔 C422；塔底排出的水相中含有大部分的催化剂及未反应的丙烯酸，一路返回反应器 R411A 循环使用，一路去重组分分解器 R460 作为分解用的催化剂。

三、仿真实验工艺指标

仿真控制工艺指标，如表 8-9 所示。

表 8-9　工艺指标一览表

位号	显示变量	正常值	单位
TI4021	C421 塔顶温度	35	℃
PI4012	C421 塔顶压力	101.3	kPa
TI4020	主物料出口温度	35	℃
FI4031	主物料出口流量	21293.8	kg/h

四、仿真实验任务

1. 冷态开车操作仿真
① 开车准备；
② 灌水；
③ 启动换热器；
④ 引反应液；
⑤ 引溶剂；
⑥ 引 C421 萃取液；
⑦ 调至平衡。

2. 正常停车操作仿真
① 停主物料进料；
② 停换热器；
③ 灌自来水；
④ 停萃取剂；
⑤ 萃取塔 C421 泄液。

3. 正常操作仿真
正常工况下的工艺参数指标控制在操作正常值，如表 8-9 所示，根据实际情况进行调节。

4. 事故处理仿真
① P412A 泵坏；
② 调节阀 FV4020 阀卡。

五、思考题

1. 请简述本萃取单元的工艺过程。
2. 萃取设备分为哪几类，各有何特点？

附　　录

附录1　干空气物理性质表

温度 $t/℃$	密度 $\rho/(kg/m^3)$	比热容 c $/[kJ/(kg \cdot ℃)]$	热导率 $\lambda \times 10^2$ $/[W/(m \cdot ℃)]$	黏度 $\mu \times 10^5/(Pa \cdot s)$	普朗特数 Pr
−50	1.584	1.013	2.035	1.46	0.728
−40	1.515	1.013	2.117	1.52	0.728
−30	1.453	1.013	2.198	1.57	0.723
−20	1.395	1.009	2.279	1.62	0.716
−10	1.342	1.009	2.360	1.67	0.712
0	1.293	1.009	2.442	1.72	0.707
10	1.247	1.009	2.512	1.77	0.705
20	1.205	1.013	2.593	1.81	0.703
30	1.165	1.013	2.675	1.86	0.701
40	1.128	1.013	2.756	1.91	0.699
50	1.093	1.017	2.826	1.96	0.698
60	1.060	1.017	2.896	2.01	0.696
70	1.029	1.017	2.966	2.06	0.694
80	1.000	1.022	3.047	2.11	0.692
90	0.972	1.022	3.128	2.15	0.690
100	0.946	1.022	3.210	2.19	0.688
120	0.898	1.026	3.338	2.29	0.686
140	0.854	1.026	3.489	2.37	0.684
160	0.815	1.026	3.640	2.45	0.682
180	0.779	1.034	3.780	2.53	0.681
200	0.746	1.034	3.931	2.60	0.680
250	0.674	1.043	4.268	2.74	0.677
300	0.615	1.047	4.605	2.97	0.674
350	0.566	1.055	4.908	3.14	0.676
400	0.524	1.068	5.210	3.31	0.678
500	0.456	1.072	5.745	3.62	0.687
600	0.404	1.089	6.222	3.91	0.699
700	0.362	1.102	6.711	4.18	0.706
800	0.329	1.114	7.176	4.43	0.713
900	0.301	1.127	7.630	4.67	0.717
1000	0.277	1.139	8.071	4.90	0.719
1100	0.257	1.152	8.502	5.12	0.722
1200	0.239	1.164	9.153	5.35	0.724

附录2　湿空气的物理性质表

温度/℃	湿度/(kg/kg干空气)	水蒸气压/(kN/m²)	水分浓度/(kg/m³)	汽化焓/(kJ/kg)	湿焓/(kJ/kg干空气)	湿容积/(m³/kg干空气)	动黏度/(10⁶ m/s)	湿热/(10⁻³kJ/kg)	热导率/[W/(m·K)]	水分扩散系数/(10⁶ m²/s)
0	0.003821	0.6108	0.004846	2500.8	9.55	0.7781	13.25	0.0108	02380	22.2
2	0.004418	0.7054	0.005557	2495.9	13.06	0.7845	13.43	1.0120	0.02413	22.4
4	0.005100	0.8129	0.006358	2491.3	16.39	0.7911	13.61	1.0134	0.02427	22.6
6	0.005868	0.9346	0.007257	2486.6	20.77	0.7977	13.79	1.0149	0.02440	22.8
8	0.006749	1.0721	0.008267	2481.9	25.00	0.8046	13.97	1.0167	0.02454	23.1
10	0.007733	1.2271	0.009396	2477.2	29.52	0.8116	14.15	1.0186	0.02466	23.3
12	0.008849	1.4015	0.01066	2472.5	34.37	0.8187	14.34	1.0208	0.02478	23.6
14	0.010105	1.5974	0.01206	2467.8	39.57	0.8261	14.52	1.0233	0.02490	23.9
16	0.011513	1.8168	0.01363	2463.1	45.18	0.8337	14.71	1.0260	0.02500	24.2
18	0.013108	2.062	0.01536	2458.4	51.29	0.8415	14.89	1.0291	0.02511	24.5
20	0.014895	2.337	0.01729	2453.1	57.86	0.8497	15.08	1.0325	0.02520	24.8
22	0.016892	2.642	0.01942	2449.0	65.02	0.8511	15.27	1.0364	0.02529	25.2
24	0.019131	2.982	0.02177	2442.0	72.60	0.8669	15.46	1.0407	0.02537	25.5
26	0.021635	3.360	0.02437	2439.5	81.22	0.8761	15.65	1.0455	0.02544	25.9
28	0.024435	3.778	0.02723	2434.8	90.48	0.8857	15.84	1.0509	0.02508	26.3
30	0.027558	4.241	0.03036	2430.0	100.57	0.8958	16.03	1.05159	0.02556	26.6
32	0.031050	4.753	0.03380	2425.3	111.58	0.9065	16.22	1.0635	0.02561	27.0
34	0.034950	5.318	0.03758	2420.5	123.72	0.9178	16.41	1.0710	0.02565	27.4
36	0.039289	5.940	0.04171	2415.8	136.99	0.9297	16.61	1.0793	0.02567	27.8
38	0.044136	6.624	0.04622	2411.0	151.60	0.9425	16.80	1.0885	0.02569	28.3
40	0.049532	7.375	0.05144	2406.2	167.64	0.9560	17.00	1.0989	0.02569	28.7
42	0.055560	8.198	0.05650	2401.4	185.40	0.9706	17.20	1.1103	0.02569	29.1
44	0.062278	9.010	0.06233	2396.6	204.94	0.9862	17.39	1.1232	0.02566	29.6
46	0.069778	10.085	0.06867	2391.8	226.55	1.0030	16.59	1.1375	0.02563	30.0
48	0.078146	11.161	0.07553	2387.0	250.45	1.0213	17.79	1.1534	0.02558	30.5
50	0.087516	12.335	0.08298	2382.1	277.04	1.0410	17.99	1.1713	0.02552	30.9
52	0.098018	13.613	0.09103	2377.3	306.64	1.0626	18.19	1.1913	0.02545	31.4
54	0.10976	15.002	0.09974	2372.4	339.51	1.0861	18.39	1.2137	0.02536	31.9
56	0.12297	16.509	0.1091	2367.6	373.31	1.1112	18.59	1.2389	0.02526	32.4
58	0.13790	18.146	0.1193	2362.7	417.72	1.1405	18.79	1.2673	0.02514	32.9
60	0.15472	19.92	0.1302	2357.9	464.11	1.1721	18.99	1.2994	0.02501	33.4
62	0.17380	21.84	0.1419	2353.0	516.57	1.2073	19.19	1.3357	0.02487	34.0
64	0.19541	23.91	0.1545	2348.1	575.77	1.2467	19.38	1.3770	0.02471	34.5
66	0.22021	26.14	0.1680	2343.1	643.51	1.2910	19.57	1.4241	0.02455	35.1
68	0.24866	28.55	0.1826	2338.2	721.01	1.3412	19.76	1.4782	0.02437	35.7
70	0.28154	31.16	0.1981	2333.3	810.36	1.3986	19.94	1.5418	0.02418	36.3
72	0.31966	33.96	0.2146	2328.3	915.57	1.4643	20.01	1.6132	0.02399	36.9
74	0.36468	36.96	0.2324	2323.3	1035.60	1.5411	20.28	1.6986	0.02379	37.6
76	0.41790	40.19	0.2514	2318.3	1179.42	1.6309	20.44	1.7994	0.02360	38.3
78	0.48048	43.65	0.2717	2313.3	1348.40	1.7375	20.58	1.9199	0.02341	39.0
80	0.55931	47.36	0.2933	2308.3	1560.80	1.8663	20.71	2.0664	0.02323	39.8
82	0.65573	51.33	0.3162	2303.2	1820.46	2.0247	20.81	2.2477	0.02307	40.7
84	0.77781	55.57	0.3406	2298.1	2148.92	2.2238	20.90	2.4767	0.02294	41.5
86	0.93768	60.50	0.3666	2293.0	2578.73	2.4810	2.096	2.7739	0.02285	42.5
88	1.15244	64.95	0.3942	2287.9	3155.67	2.8235	20.99	3.1708	0.02281	43.6
90	1.45873	70.11	0.4235	2282.8	3978.42	3.3047	20.99	3.7304	0.02283	44.7
92	1.92718	75.61	0.4545	2277.6	5236.61	4.029	20.94	4.574	0.02295	46.0
94	2.73170	81.46	0.4873	2272.4	7395.49	5.238	20.84	5.987	0.02318	47.4
96	4.42670	87.69	0.5221	2267.1	11944.39	7.662	20.69	8.820	0.02355	49.0
98	10.30306	94.30	0.5588	2261.9	27711.34	14.939	20.47	17.338	0.02409	50.8
100	∞	101.325	0.5977	2256.7	∞	∞	20.08	∞	0.02486	52.8

附录3 水的物理性质表

温度/℃	饱和蒸气压/kPa	密度/(kg/m³)	焓/(kJ/kg)	比热容/[kJ/(kg·℃)]	热导率λ×10²/[W/(m·℃)]	黏度μ×10⁵/(Pa·a)	体积膨胀系数β×10⁴/(1/℃)	表面张力σ×10³/(N/m)	普朗特数Pr
0	0.6082	999.9	0	4.212	55.13	179.21	−0.63	77.1	13.66
10	1.2262	999.7	42.04	4.191	57.45	130.77	+0.70	75.6	9.52
20	2.3346	998.2	83.90	4.183	59.89	100.50	1.82	74.1	7.01
30	4.2474	995.7	125.69	4.174	61.76	80.07	3.21	72.6	5.42
40	7.3766	992.2	167.51	4.174	63.38	65.60	3.87	71.0	4.32
50	12.34	988.1	209.30	4.174	64.78	54.94	4.49	69.0	3.54
60	19.923	983.2	251.12	4.178	65.94	46.88	5.11	67.5	2.98
70	31.164	977.8	292.99	4.178	66.76	40.61	5.70	65.6	2.54
80	47.375	971.8	334.94	4.195	67.45	35.65	6.32	63.8	2.12
90	70.136	965.3	376.98	4.208	67.98	31.65	6.95	61.9	1.96
100	101.33	958.4	419.10	4.220	68.04	28.38	7.52	60.0	1.76
110	143.31	951.0	461.34	4.233	68.27	25.89	8.08	58	1.61
120	198.64	943.1	503.67	4.250	68.50	23.73	8.64	55.9	1.47
130	270.25	934.8	546.38	4.266	68.50	21.77	9.17	53.9	1.36
140	361.47	926.1	589.08	4.287	68.27	20.10	9.72	51.7	1.26
150	476.24	917.0	632.20	4.312	68.38	18.63	10.3	49.6	1.18
160	618.28	907.4	675.33	4.346	68.27	17.36	10.7	47.5	1.11
170	792.59	897.3	719.29	4.379	67.92	16.28	11.3	46.2	1.05
180	1003.5	886.9	763.25	4.417	67.45	15.30	11.9	43.1	1.00
190	1255.6	876.0	807.63	4.460	66.99	14.42	12.6	40.8	0.96
200	1554.77	863.0	852.43	4.505	66.29	13.63	13.3	38.4	0.93
210	1917.72	852.8	897.65	4.555	65.48	13.04	14.1	36.1	0.91
220	2320.88	840.3	943.70	4.614	64.55	12.46	14.8	33.8	0.89
230	2798.59	827.3	990.18	4.681	63.73	11.97	15.9	31.6	0.88
240	3347.91	813.6	1037.49	4.756	62.80	11.47	16.8	29.1	0.87
250	3977.67	799.0	1085.64	4.844	61.76	10.98	18.1	26.7	0.86
260	4693.75	784.0	1135.04	4.949	60.48	10.59	19.7	24.2	0.87
270	5503.99	767.0	1185.28	4.070	59.96	10.20	21.6	21.9	0.88
280	6417.24	750.7	1236.28	5.229	57.45	9.81	23.7	19.5	0.89
290	7443.29	732.3	1289.95	5.485	55.82	9.42	26.2	17.2	0.93
300	8592.94	712.5	1344.80	5.736	53.96	9.12	29.2	14.7	0.97
310	9877.96	691.1	1402.16	6.071	52.34	8.83	32.9	12.3	1.02
320	11300.3	667.1	1462.03	6.573	50.59	8.53	38.2	10.0	1.11
330	12879.6	640.2	1526.10	7.243	48.73	8.14	43.3	7.82	1.22
340	14615.8	610.1	1594.75	8.164	45.71	7.75	53.4	5.78	1.38
350	16538.5	574.4	1671.37	9.504	43.03	7.26	66.8	3.89	1.60
360	18667.1	528.0	1761.39	13.984	39.54	6.67	109	2.06	2.36
370	21040.9	450.5	1892.43	40.319	33.73	5.65	264	0.48	6.08

附录4　饱和水蒸气表

温度/℃	绝对压强		蒸汽的密度/(kg/m²)	焓				汽化热	
	/(kgf/cm²)	/kPa		液体		蒸汽		/(kcal/kg)	/(kJ/kg)
				/(kcal/kg)	/(kJ/kg)	/(kcal/kg)	/(kJ/kg)		
0	0.0062	0.6082	0.00484	0	0	595	2491.1	595	2491.1
5	0.0089	0.8731	0.00680	5.0	20.94	597.3	2500.8	592.3	2479.86
10	0.0125	1.2262	0.00940	10.0	41.87	599.6	2510.4	598.6	2468.53
15	0.0174	1.7068	0.01283	15.0	62.80	602.0	2520.5	587.0	2457.7
20	0.0238	2.3346	0.01719	20.0	83.74	604.3	2530.1	584.3	2446.3
25	0.0323	3.1684	0.02304	25.0	104.67	606.6	2539.7	581.6	2435.0
30	0.0433	4.2474	0.03036	30.0	125.60	608.9	2549.3	578.9	2423.7
35	0.0573	5.6207	0.03960	35.0	146.54	611.2	2559.0	576.2	2412.4
40	0.0752	7.3766	0.05114	40.0	167.47	613.5	2568.6	570.7	2401.1
45	0.0977	9.5837	0.06543	45.0	188.41	615.7	2577.8	570.7	2389.4
50	0.1258	12.340	0.0830	50.0	209.34	618.0	2587.4	568.0	2378.1
55	0.1605	15.743	0.1043	55.0	230.27	620.2	2596.7	565.2	2366.4
60	0.2031	19.923	0.1301	60.0	251.21	622.5	2606.3	562.5	2355.1
65	0.2550	25.014	0.1611	65.0	272.14	624.7	2615.5	559.7	2343.4
70	0.3177	31.164	0.1979	70.0	293.08	626.8	2624.3	556.8	2331.2
75	0.393	38.551	0.2416	75.0	314.01	629.0	2633.5	554.0	2319.5
80	0.483	47.379	0.2929	80.0	334.94	631.1	2642.3	551.2	2307.8
85	0.590	57.875	0.3531	85.0	355.88	633.2	2651.1	548.2	2295.2
90	0.715	70.136	0.4229	90.0	376.81	635.3	2659.9	545.3	2283.1
95	0.862	84.556	0.5039	95.0	397.75	637.4	2668.7	542.4	2270.9
100	1.033	101.33	0.5970	100.0	418.68	639.4	2677.0	539.4	2258.4
105	1.232	120.85	0.7036	105.1	440.03	641.3	2685.0	536.3	2245.4
110	1.461	143.31	0.8254	110.1	460.97	643.3	2693.4	533.1	2232.0
115	1.724	169.11	0.9635	115.2	482.32	645.2	2701.3	530.0	2219.0
120	2.025	198.64	1.1199	120.3	503.67	647.0	2708.9	526.7	2205.2
125	2.367	232.19	1.296	125.4	525.02	648.8	2716.4	523.5	2291.8
130	2.755	270.25	1.494	130.5	546.38	650.6	2723.9	520.1	2177.6
135	3.192	313.11	1.715	135.6	567.73	652.3	2731.0	516.7	2163.3
140	3.685	361.47	1.962	140.7	589.08	653.9	2737.7	513.2	2148.7
145	4.238	415.72	2.238	145.9	610.85	655.5	2744.4	509.7	2134.0
150	4.855	476.24	2.543	151.0	632.21	657.0	2750.7	506.0	2118.5
160	6.303	618.28	3.252	161.4	675.75	659.9	2762.9	498.5	2087.1
170	8.080	792.59	4.113	171.8	719.29	662.4	2773.3	490.6	2054.0
180	10.23	1003.5	5.145	182.3	763.25	664.6	2782.5	482.3	2019.3
190	12.80	1255.6	6.378	192.9	807.64	666.4	2790.1	473.5	1982.4
200	15.85	1554.77	7.840	203.5	852.01	667.7	2795.5	464.2	1943.5
210	19.55	1917.72	9.567	214.3	897.23	668.6	2799.3	454.4	1902.5
220	23.66	2320.88	11.60	225.1	942.45	669.0	2801.0	443.9	1858.5
230	28.53	2798.59	13.98	236.1	988.50	668.8	2800.1	432.7	1811.6
240	34.13	3347.91	16.76	247.1	1034.56	668.0	2796.8	420.8	1761.8
250	40.55	3977.67	20.01	258.3	1081.45	664.0	2790.1	408.1	1708.6
260	47.85	4693.75	23.82	269.6	1128.76	664.0	2780.9	394.5	1651.7
270	56.11	5503.99	28.27	281.1	1176.91	661.2	2768.3	380.1	1591.4
280	65.42	6417.24	33.47	292.7	1225.48	657.3	2752.0	364.6	1526.5
290	75.88	7443.29	39.60	304.4	1274.46	652.6	2732.3	348.1	1457.4
300	87.6	8592.94	46.93	316.6	1325.54	646.8	2708.0	330.2	1382.5
310	100.7	9877.96	55.59	329.3	1378.71	640.1	2680.8	310.8	1301.3
320	115.2	11300.3	65.95	343.0	1436.07	632.5	2648.2	289.5	1212.1
330	131.3	12879.6	78.53	357.5	1446.78	623.5	2610.5	266.6	1116.2
340	149.0	14615.8	93.98	373.0	1562.93	613.5	2568.6	240.2	1005.7
350	168.6	16538.5	113.2	390.8	1636.20	601.1	2516.7	210.3	880.5
360	190.3	18667.1	139.6	413.0	1729.15	583.4	2442.6	170.3	713.0
370	214.5	21040.9	171.0	451.0	1888.25	549.8	2301.9	98.2	411.1
374	225	22070.9	322.6	501.1	2098.0	501.1	2098.0	0	0

附表5　1atm下乙醇-水的平衡数据表

液相中乙醇的摩尔百分数	气相中乙醇的摩尔百分数	液相中乙醇的摩尔百分数	气相中乙醇的摩尔百分数
0.0	0.0	45.0	63.5
1.0	11.0	50.0	65.7
2.0	17.0	55.0	67.8
4.0	27.0	60.0	69.8
6.0	34.0	65.0	72.5
8.0	39.2	70.0	75.5
10.0	43.0	75.0	78.5
14.0	48.2	80.0	82.0
18.0	51.3	85.0	85.5
20.0	52.5	89.4	89.4
25.0	55.1	90.0	89.8
30.0	57.5	95.0	94.2
35.0	59.5	100.0	100.0
40.0	61.4		

附表6　乙醇-水溶液的比热容表

单位：kcal/（kg·℃）

质量分数/%	温度				
	0℃	30℃	50℃	70℃	90℃
3.98	1.03	1.01	1.02	1.02	1.02
8.01	1.05	1.02	1.02	1.02	1.03
16.21	1.05	1.03	1.03	1.03	1.03
24.61	1.00	1.02	1.05	1.07	1.09
33.30	0.94	0.98	1.00	1.04	1.06
42.43	0.87	0.92	0.96	1.01	1.05
52.09	0.80	0.86	0.92	0.98	1.04
62.39	0.75	0.80	0.88	0.94	1.02
73.08	0.67	0.74	0.77	0.87	0.97
85.66	0.61	0.67	0.70	0.80	0.90
100.00	0.54	0.60	0.65	0.71	0.80

也可用以下回归方程式计算：

$$c_p = 1.01 + [3.1949t \lg(x) - 5.5099x - 3.0506t] \times 10^{-3}$$

式中　c_p——比热，kcal/kg；

　　　x——乙醇的重量百分数，%；

　　　t——温度，$t = \dfrac{t_s + t_f}{2}$，℃。

附表7　乙醇-水溶液的汽化潜热表

液相中乙醇质量/%	沸腾温度/℃	汽化潜热/(kcal/kg)	液相中乙醇质量/%	沸腾温度/℃	汽化潜热/(kcal/kg)	液相中乙醇质量/%	沸腾温度/℃	汽化潜热/(kcal/kg)
0	100	539.4	29.86	84.6	438.7	60.38	80.9	338.7
0.80	99	534.0	31.62	84.3	432.9	75.91	79.7	287.9
1.60	98.9	531.0	33.39	84.1	427.1	85.76	79.1	255.6
2.40	97.3	528.6	35.18	83.8	421.3	91.08	78.5	238.2
5.62	94.4	518.1	36.00	83.5	415.3	98.00	78.3	229.0
11.30	90.7	499.4	38.82	83.3	409.3	98.84	78.25	219.3
19.60	87.2	472.2	40.66	83.0	403.3	100	78.25	209.0
24.99	86.1	416.2	50.21	81.9	372.0			

可用以下回归方程计算：

$$r = 4.745 \times 10^{-4} x^2 - 3.315x + 5.3797 \times 10^2$$

式中　r——汽化潜热，kcal/kg；

　　　x——乙醇的质量分数，%。

附表8　乙醇-水溶液相对密度与质量百分数关系表

质量分数/%	相对密度(20℃)	质量分数/%	相对密度(20℃)	质量分数/%	相对密度(20℃)	质量分数/%	相对密度(20℃)	质量分数/%	相对密度(20℃)
0	0.9982	20	0.9686	40	0.9352	60	0.8911	80	0.8434
1	0.9964	21	0.9673	41	0.9331	61	0.8888	81	0.8410
2	0.9945	22	0.9659	42	0.9311	62	0.8865	82	0.8385
3	0.9928	23	0.9645	43	0.9290	63	0.8842	83	0.8360
4	0.9910	24	0.9631	44	0.9269	64	0.8818	84	0.8335
5	0.9894	25	0.9617	45	0.9247	65	0.8795	85	0.8310
6	0.9878	26	0.9602	46	0.9226	66	0.8771	86	0.8284
7	0.9863	27	0.9587	47	0.9204	67	0.8748	87	0.8258
8	0.9848	28	0.9571	48	0.9182	68	0.8724	88	0.8232
9	0.9833	29	0.9555	49	0.9160	69	0.8700	89	0.8206
10	0.9819	30	0.9538	50	0.9138	70	0.8677	90	0.8180
11	0.9805	31	0.9521	51	0.9116	71	0.8653	91	0.8153
12	0.9791	32	0.9504	52	0.9094	72	0.8629	92	0.8126
13	0.9778	33	0.9486	53	0.9071	73	0.8605	93	0.8098
14	0.9764	34	0.9468	54	0.9049	74	0.8581	94	0.8071
15	0.9751	35	0.9449	55	0.9026	75	0.8556	95	0.8043
16	0.9739	36	0.9431	56	0.9003	76	0.8532	96	0.8014
17	0.9726	37	0.9411	57	0.8980	77	0.8508	97	0.7985
18	0.9713	38	0.9392	58	0.8957	78	0.8484	98	0.7955
19	0.9700	39	0.9372	59	0.8934	79	0.8459	99	0.7924
								100	0.7893

附表 9　乙醇-水混合液在常压下气液平衡数据表

液相组成 (酒精分子百分数)/%	气相组成 (酒精分子百分数)/%	沸点 /℃	液相组成 (酒精分子百分数)/%	气相组成 (酒精分子百分数)/%	沸点 /℃
0	0	100	45.41	63.43	80.40
2.01	18.68	94.95	50.16	65.34	80.00
5.07	33.06	90.5	54.00	66.92	79.75
7.95	40.18	87.7	59.55	69.59	79.55
10.48	44.61	86.2	64.05	71.86	79.30
14.59	49.77	84.5	70.63	75.82	78.85
20.00	53.09	83.3	75.99	79.26	78.60
25.00	55.48	82.35	79.82	81.83	78.40
30.01	57.70	81.60	85.97	86.40	78.20
35.09	59.55	81.20	89.41	89.41	78.15
40.00	61.44	80.75			

附表 10　乙醇-丙醇平衡数据表

序号	1	2	3	4	5	6	7	8	9	10	11
t/℃	97.16	93.85	92.66	91.60	88.32	86.25	84.98	84.13	83.06	80.59	78.38
x	0	0.126	0.188	0.210	0.358	0.461	0.546	0.600	0.663	0.844	1.0
y	0	0.240	0.318	0.339	0.550	0.650	0.711	0.760	0.799	0.914	1.0

附录 11　乙醇、正丙醇汽化热和比热容数据表

温度/℃	乙　醇		正丙醇	
	汽化热/(kJ/kg)	比热容/[kJ/(kg·K)]	汽化热/(kJ/kg)	比热容/[kJ/(kg·K)]
0	985.29	2.23	839.88	2.21
10	969.66	2.30	827.62	2.28
20	953.21	2.38	814.80	2.35
30	936.03	2.46	801.42	2.43
40	918.12	2.55	787.42	2.49
50	899.31	2.65	772.86	2.59
60	879.77	2.76	757.60	2.69
70	859.32	2.88	741.78	2.79
80	838.05	3.01	725.34	2.89
90	815.79	3.14	708.20	2.92
100	792.52	3.29	690.30	2.96

附录 12　二氧化碳在水中的亨利系数表

单位：$10^{-2}Pa$

气体	温度/℃											
	0	5	10	15	20	25	30	35	40	45	50	60
CO_2	0.738	0.888	1.05	1.24	1.44	1.66	1.88	2.12	2.36	2.60	2.87	3.46

附录 13　实验报告格式

实验报告是实验工作的全面总结和系统概括，是实践环节中不可缺少的一个重要组成部分。化工原理实验具有显著的工程性，属于工程技术科学的范畴，它研究的对象是复杂的实际问题和工程问题，因此化工原理的实验报告可以按传统实验报告格式或小论文格式撰写。

1. 传统实验报告格式

本课程实验报告的内容应包括以下几项：

（1）实验名称，报告人姓名、班级及同组实验人姓名，实验地点，指导教师，实验日期，上述内容作为实验报告的封面。

（2）实验目的和内容　简明扼要地说明为什么要进行本实验，实验要解决什么问题。

（3）实验的理论依据（实验原理）　简要说明实验所依据的基本原理，包括实验涉及的主要概念，实验依据的重要定律、公式及据此推算的重要结果。要求准确、充分。

（4）实验装置流程示意图　简单地画出实验装置流程示意图和测试点、控制点的具体位置及主要设备、仪表的名称。标出设备、仪器仪表及调节阀等的标号，在流程图的下方写出图名及与标号相对应的设备、仪器等的名称。

（5）实验操作要点　根据实际操作程序划分为几个步骤，并在前面加上序数词，以使条理更为清晰。对于操作过程的说明应简单、明了。

（6）注意事项　对于容易引起设备或仪器仪表损坏、容易发生危险以及一些对实验结果影响比较大的操作，应在注意事项中注明，以引起注意。

（7）原始数据记录　记录实验过程中从测量仪表所读取的数值。读数方法要正确，记录数据要准确，要根据仪表的精度决定实验数据的有效数字的位数。

（8）数据处理　数据处理是实验报告的重点内容之一，要求将实验原始数据经过整理、计算、加工成表格或图的形式。表格要易于显示数据的变化规律及各参数的相关性；图要能直观地表达变量间的相互关系。

（9）数据处理计算过程举例　以某一组原始数据为例，把各项计算过程列出，以说明数据整理表中的结果是如何得到的。

（10）实验结果的分析与讨论　实验结果的分析与讨论是作者理论水平的具体体现，也是对实验方法和结果进行的综合分析研究，是工程实验报告的重要内容之一，主要内容包括：

① 从理论上对实验所得结果进行分析和解释，说明其必然性；

② 对实验中的异常现象进行分析讨论，说明影响实验的主要因素；

③ 分析误差的大小和原因，指出提高实验结果的途径；

④ 将实验结果与前人和他人的结果对比，说明结果的异同，并解释这种异同；

⑤ 本实验结果在生产实践中的价值和意义，推广和应用效果的预测等；

⑥ 由实验结果提出进一步的研究方向或对实验方法及装置提出改进建议等。

（11）实验结论　结论是根据实验结果所作出的最后判断，得出的结论要从实际出发，有理论依据。

（12）参考文献（同以下小论文格式部分）。

2. 小论文格式

科学论文有其独特的写作格式，其构成常包括以下部分：标题，作者，单位，摘要，关键词，前言（或引言、序言），正文，结论（或结果讨论），致谢，参考文献等。

（1）标题　标题又叫题目，它是论文的总纲，是文献检索的依据，是全篇文章的实质与精华，也是引导读者判断是否阅读该文的一个依据。因此要求标题能准确地反映论文的中心内容。

（2）作者和单位　署名作者只限于那些选定研究课题和制定研究方案，直接参加全部或主要研究工作，做出主要贡献并了解论文报告的全部内容，能对全部内容负责解答的人。工作单位写在作者名下。

（3）摘要（Abstract）　撰写摘要的目的是让读者一目了然本文研究了什么问题，用什么方法，得到什么结果，这些结果有什么重要意义，是对论文内容不加注解和评论的概括性陈述，是全文的高度浓缩，一般是文章完成后，最后提炼出来的。摘要的长短一般几十个字至 300 字为宜。

（4）关键词（Key words）　关键词是将论文中起关键作用的、最说明问题的、代表论文内容特征的或最有意义的词选出来，便于检索的需要。可选 3～8 个关键词。

（5）前言　前言，又叫引言、导言、序言等，是论文主体部分的开端。前言一般包括以下几项内容：

① 研究背景和目的：说明从事该项研究的理由，其目的与背景是密不可分的，便于读者去领会作者的思路，从而准确地领会文章的实质。

② 研究范围：指研究所涉及的范围或所取得成果的适用范围。

③ 相关领域里前人的工作和知识空白：实事求是地交代前人已做过的工作或是前人并未涉足的问题，前人工作中有什么不足并简述其原因。

④ 研究方法：指研究采用的实验方法或实验途径。前言中只提及方法的名称即可，无须展开细述。

⑤ 预想结果和意义：扼要提出本文将要解决什么问题以及解决这些问题有什么重要意义。

前言贵在言简意赅，条理清晰，不与摘要雷同。比较短的论文只要一小段文字作简要说明，则不用"引言"或"前言"两字。

（6）正文部分　这是论文的核心部分。这一部分的形式主要根据作者意图和文章内容决定，不可能也不应该规定一个统一的形式，下面只介绍以实验为研究手段的论文或技术报告，包括以下几部分：

① 实验原材料及其制备方法。

② 实验所用设备、装置和仪器等。

③ 实验方法和过程，说明实验所采用的是什么方法，实验过程是如何进行的，操作上应注意什么问题。要突出重点，只写关键性步骤。如果是采用前人或他人的方法，只写出方

法的名称即可；如果是自己设计的新方法，则应写得详细些。在此详细说明本文的研究工作过程，包括理论分析和实验过程，可根据论文内容分成若干个标题来叙述其演变过程或分析结论的过程，每个标题的中心内容也是本文的主要结果之一。或者说整个文章有一个中心论点，每个标题是它的分论点，它是从不同角度、不同层次支持、证明中心论点的一些观点，它们又可以看做是中心论点的论据。

（7）实验结果与分析讨论　这部分内容是论文的重点，是结论赖以产生的基础。需对数据处理的实验结果进一步加以整理，从中选出最能反映事物本质的数据或现象，并将其制成便于分析讨论的图或表。分析是指从理论（机理）上对实验所得的结果加以解释，阐明自己的新发现或新见解。写这部分时应注意以下几个问题：

① 选取数据时，必须严肃认真，实事求是。选取数据要从必要性和充分性两方面去考虑，决不可随意取舍，更不能伪造数据。对于异常的数据，不要轻易删掉，要反复验证，查明是因工作差错造成的，还是事情本来就如此，还是意外现象。

② 对图和表，要精心设计、制作，图要能直观地表达变量间的相互关系；表要易于显示数据的变化规律及各参数的相关性。

③ 分析问题时，必须以事实为基础，以理论为依据。

总之，在结果与分析中既要包含所取得的结果，还要说明结果的可信度、再现性、误差，以及与理论或分析结果的比较、经验公式的建立、尚存在的问题等等。

（8）结论（结束语）　结论是论文在理论分析和计算结果（实验结果）中分析和归纳出的观点，它是以结果和讨论（或实验验证）为前提，经过严密的逻辑推理做出的最后判断，是整个研究过程的结晶，是全篇论文的精髓。据此可以看出研究成果的水平。

（9）致谢　致谢的作用主要是为了表示尊重所有合作者的劳动。致谢对象包括除作者以外所有对研究工作和论文写作有贡献、有帮助的人，如：指导过论文的专家、教授；帮助搜集和整理过资料者；对研究工作和论文写作提过建议者等。

（10）参考文献　参考文献反映作者的科学态度和研究工作的依据，也反映作者对文献掌握的广度和深度，可提示读者查阅原始文献，同时也表示作者对他人成果的尊重。一般来说，前言部分所列的文献都应与主题有关；在方法部分，常需引用一定的文献与之比较；在讨论部分，要将自己的结果与同行的有关研究进行比较，这种比较都要以别人的原始出版物为基础。对引用的文献按其在论文中出现的顺序，用阿拉伯数字连续编码，并顺序排列。

被引用的文献为期刊论文的单篇文献时，著录格式为："顺序号　作者．题名［J］．刊名，出版年，卷号（期号）：引文所在的起止页码"，例如［1］。

被引用的文献为图书、科技报告等整本文献时，著录格式为："顺序号　作者．文献书名［M］．版本（第一版本不标注）．出版地址：出版者，出版年．"，例如［2］。

［1］ 刘晓华，李淞平．螺旋线圈强化管内单相流体传热的研究［J］．石油化工高等学校学报，2001，14（3）：57-59.

［2］ 赵汝溥，管国锋．化工原理［M］．北京：化学工业出版社，1999：190-191.

（11）附录　附录是在论文末尾作为正文主体的补充项目，并不是必需的。对于某些数量较大的重要原始数据、篇幅过大不便于作正文的材料、对专业同行有参考价值的资料等可作为附录，放在论文的最后（参考文献之后）。

（12）外文摘要　对于正式发表的论文，有些刊物要求要有外文摘要。通常是将中文标题（Topic）、作者（Author）、摘要（Abstract）及关键词（Key Words）译为英文。排放位置因刊物而异。

　　用论文形式撰写《化工原理实验》的实验报告，可极大地提高学生写作能力、综合应用知识能力和科研能力。可为学生今后撰写毕业论文和工作后撰写学术论文打下坚实的基础，是一种综合素质和能力培养的重要手段，应提倡这种形式的实验报告。但无论何种形式的实验报告，均应体现出它的学术性、科学性、理论性、规范性、创造性和探索性。论文和参考文献的格式，具体可参考国家标准 GB/T 7713 和 GB/T 7714。

参 考 文 献

［1］ 史贤林，田恒水，张平，等．化工原理实验．上海：华东理工大学出版社，2005.

［2］ 张金利，张建伟，郭翠梨，胡瑞杰．化工原理实验．天津：天津大学出版社，2005.

［3］ 王雅琼，许文林．化工原理实验．北京：化学工业出版社，2004.

［4］ 冯亚云．化工基础实验．北京：化学工业出版社，2000.

［5］ 武汉大学化学与分子科学学院实验中心．化工基础实验．武汉：武汉大学出版社，2003.

［6］ 郭庆丰，彭勇．化工基础实验．北京：清华大学出版社，2004.

［7］ 王有，杨国臣．化学工程基础实验．哈尔滨：哈尔滨工业大学出版社，2004.

［8］ 卫静莉．化工原理实验．北京：国防工业出版社，2003.

［9］ 杨祖荣．化工原理实验．北京：化学工业出版社，2004.

［10］ 陈敏恒，丛德滋，方图南，齐鸣斋．化工原理：上、下册．第二版．北京：化学工业出版社，2000.

［11］ 何潮洪，窦梅，朱明乔，叶向群．化工原理习题精解：上、下册．北京：科学出版社，2003.

［12］ 北京东方仿真软件技术有限公司．化工原理实验仿真软件系统用户手册，2003.